棕榈植物与景观

PALM PLANTS AND LANDSCAPE

李尚志　陈巧玲　周威 著

中国林业出版社

图书在版编目（CIP）数据

棕榈植物与景观 / 李尚志, 陈巧玲, 周威著. -- 北京：中国林业出版社, 2015.7
（植物与景观丛书）
ISBN 978-7-5038-8038-4

Ⅰ. ①棕… Ⅱ. ①李… ②陈… ③周… Ⅲ. ①棕榈－观赏园艺②棕榈－景观设计
Ⅳ. ①S792.91②TU986.2

中国版本图书馆CIP数据核字(2015)第140846号

出版发行	中国林业出版社(100009
	北京市西城区德内大街刘海胡同7号)
电　　话	(010)83143563
制　　版	北京美光设计制版有限公司
印　　刷	北京卡乐富印刷有限公司
版　　次	2015年8月第1版
印　　次	2015年8月第1次
开　　本	889mm×1194mm　　1/20
印　　张	10.5
字　　数	420千字
定　　价	69.00元

Preface 前言

在园林植物中，棕榈植物是一个重要的群体；它以其"优雅、婆娑、洒脱"的独特风姿，以及"台风刮不倒"的顽强生命力，在营造和丰富园林景观方面独树一帜。

我国种植棕榈植物的历史悠久。据晋代嵇含《南方草木状》记："蒲葵，如栟榈而柔薄，可为葵笠，出龙川。"因古时蒲葵是制作蓑衣、斗笠和蒲扇的材料，说明了龙川（现广东龙川县）是棕榈植物的重要产地。再翻阅史籍，历代文人描写棕榈植物的名句绝唱亦不可胜数。如晋·孙元晏《蒲葵扇》中"若非名德喧寰宇，争得蒲葵价数高"；唐·杜甫《枯棕》咏"蜀门多棕榈，高者十八九。其皮割剥甚，虽众亦易朽"；唐·白居易《立秋夕有怀梦得》吟"露簟荻竹清，风扇蒲葵轻"；唐·王昌龄《题僧房双桐》唱"棕榈花满院，苔藓入闲房。彼此名言绝，空中闻异香"；唐·沈佺期《题椰子树》赞"日南椰子树，香袅出风尘。丛生调木首，圆实槟榔身。玉房九霄露，碧叶四时春。不及涂林果，移根随汉臣"；宋·苏轼《咏槟榔》云"异味谁栽向海滨，亭亭直干乱枝分。开花树杪翻青篛，结子苞中皱锦纹。可疗饥怀香自吐，能消瘴疠暖如薰。堆盘何物堪为偶，萎叶清新卷翠云"。如今，古贤们的这些佳作名章，为营造和表达棕榈植物的园林意境，积淀了丰富的文化内涵。

较之其他的园林植物，棕榈植物的花、果、叶，有其独特的形态和魅力。如贝叶棕的花序长达7m，创植物界花序之最；巨籽棕的果长约45cm，重约25kg，为同类之冠；董棕之叶硕大无比，酷似孔雀开屏，堪称一绝。

因而，笔者对棕榈植物十分酷爱。十多年来，游览南国园林风景的同时，每到一处都要捕捉棕榈植物的芳影。时间长了，将所摄的千余图片，帧帧挑选，益求其精，整理成册。棕榈植物的同种异名现象很普遍，为达到统一，书中种的鉴别主要参考中国科学院植物研究所编《中国高等植物图鉴·五》（科学出版社，1976）、刘海桑著《观赏棕榈》（中国林业出版社，2002）和林有润主编《观赏棕榈》（黑龙江科学技术出版社，2003）。同时，有些种则通过QQ群交流，得到同行们的帮助和指点。

本书的编写意图，就是将各种棕榈植物种类在园林中的应用，通过不同的造园手法，以形式多样的景观案例直观地表现出来，使读者能够从中有所借鉴。但从园林应用的角度考虑，笔者打破了科、亚科、属、种的传统排序，将150多种棕榈植物分为乔木状、灌木状和攀缘状三类，每类中植物原则上按照中文名称的拼音字母顺序排列。而每一种类，对其形态特征、分布习性、繁殖栽培及园林用途，采用文字、景观图例和绘图方式呈现，同时还对同属中常见的种类也作了简要介绍，使棕榈植物在园林中应用的种类更显丰富多样。书后附有中文名称索引、拉丁学名索引，便于读者查阅。

在编写过程中，得到了深圳市园林界领导的大力支持，各地同行好友的帮助，才使得本书按时脱稿付梓，特致以谢意。由于水平有限，书中尚存不少谬误之处，敬请指正。

著　者
2015年6月

目录 *Contents*

第一章　概述

一、棕榈植物的定义 ……………………… 2

二、棕榈植物的形态特征 ………………… 2

三、棕榈植物的分类 ……………………… 4

四、棕榈植物在园林中的作用 …………… 5

五、棕榈植物的资源利用及开发 ………… 7

六、悠久的棕榈文化 ……………………… 7

第二章　棕榈植物的繁殖与栽培管理

一、有性繁殖 …………………………… 10

二、无性繁殖 …………………………… 10

三、棕榈植物的生长环境 ……………… 10

四、棕榈植物的种植与移栽 …………… 11

五、盆栽技巧 …………………………… 12

六、水肥管理 …………………………… 12

七、防寒防冻 …………………………… 12

八、病虫害防治 ………………………… 12

第三章　棕榈植物在园林中应用

一、棕榈植物在园林中的应用 ………… 16

二、棕榈植物在园林造景中的原则 …… 18

三、棕榈植物在园林造景中的作用 …… 18

四、棕榈植物在园林景观设计中的配置

………………………………………… 22

第四章　乔木状棕榈植物

阿根廷长刺棕 …………………………… 26

矮叉干棕 ………………………………… 27

白蜡棕 …………………………………… 28

霸王棕 …………………………………… 30

北澳椰 …………………………………… 31

贝叶棕 …………………………………… 32

槟榔 ……………………………………… 34

波那佩椰子 ……………………………… 35

布迪椰子 ………………………………… 36

菜王棕 …………………………………… 37

垂裂棕 …………………………………… 38

刺孔雀椰子 ……………………………… 39

大崖棕 …………………………………… 40

大果红心椰 ……………………………… 41

大果直叶榈 ……………………………… 42

大蒲葵 …………………………………… 43

大丝葵 …………………………………… 44

大叶箬棕 ………………………………… 45

东非分枝榈 ……………………………… 46

东京蒲葵 ………………………………… 47

董棕 ……………………………………… 48

封开蒲葵 ………………………………… 50

根刺棕 …………………………………… 51

根柱凤尾椰 ……………………………… 52

弓葵 ……………………………………… 53

拱叶椰 …………………………………… 54

光亮蒲葵 ………………………………… 55

桄榔 ……………………………………… 56

国王椰子 ………………………………… 58

棍棒椰子 ………………………………… 59

海枣 ……………………………………… 60

黑狐尾椰 ………………………………… 62

红领椰 …………………………………… 63

红脉棕 …………………………………… 64

红蒲葵 …………………………………… 65

红鞘三角椰 ……………………………… 66

狐尾棕 …………………………………… 67

环羽椰 …………………………………… 68

黄脉棕 …………………………………… 70

灰绿箬棕 ………………………………… 71

假槟榔·····················72

加那利海枣·················74

杰钦氏蒲葵·················75

金山葵····················76

酒瓶椰子··················78

飓风椰子··················79

巨箬棕····················80

卡巴达散尾葵···············81

康科罗棕··················82

可可椰子··················83

肯托皮斯棕·················84

阔羽棕····················85

蓝脉棕····················86

林刺葵····················88

硫球椰子··················89

马岛窗孔椰················90

马岛散尾葵·················91

麻林猪榈··················92

棉毛蒲葵··················93

蒲葵·····················94

墨西哥箬棕·················96

箬棕·····················97

三角椰子··················98

圣诞椰子··················99

所罗门射杆椰···············100

丝葵····················102

糖棕····················103

王棕····················104

椰子····················106

迤逦棕···················108

银海枣···················109

银环圆叶蒲葵··············110

硬果椰子·················111

油棕····················112

越南蒲葵·················113

鱼尾葵···················114

棕榈····················116

第五章 灌木状棕榈植物

阿当山槟榔················120

矮棕竹···················121

安尼兰狄棕················122

澳洲羽棕·················123

长叶枣···················124

刺轴榈···················125

东方轴榈·················126

豆棕····················127

多裂棕竹·················128

钝叶桃榔·················129

非洲刺葵·················130

富贵椰···················131

哥伦比亚埃塔棕·············132

红杆槟榔·················133

虎克棕···················134

黄杆槟榔·················135

江边刺葵·················136

锯齿棕···················138

卡里多棕·················139

马达加斯加棕··············140

密花瓦理棕················141

墨西哥星果棕··············142

南格拉棕·················143

拟散尾葵·················144

琴叶瓦理棕················145

奇异皱子棕················146

青棕····················148

琼棕·······································149

三药槟榔·······························150

散尾葵·································151

散尾棕·································152

蛇皮果·································153

扇叶轴榈·······························154

双籽棕·································156

水椰·····································157

穗花轴榈·······························158

泰氏榈·································159

桃果榈·································160

无茎刺葵·······························161

瓦理棕·································162

锡兰槟榔·······························164

夏威夷金棕·····························165

线穗棕竹·······························166

象鼻棕·································167

香花棕·································168

小果皱籽棕·····························170

小琼棕·································172

小穗水柱椰子·····························173

小叶箬棕·······························174

袖珍椰子·······························175

印度尼西亚散尾葵·························176

鱼骨葵·································177

越南棕竹·······························178

中东矮棕·······························179

沼地棕·································180

竹茎袖珍椰·····························181

棕竹·····································182

第六章　攀缘状棕榈植物

白藤·····································184

版纳省藤·······························185

长嘴黄藤·······························186

短叶省藤·······························187

盈江省藤·······························188

直刺美洲藤·····························189

参考文献·······························191

中文名称索引·························193

拉丁学名索引·························196

第一章

概 述

一、棕榈植物的定义

从专业角度上讲，"棕榈植物"和"棕榈"是两个不同的基本概念。"棕榈植物"是对棕榈科中所有植物种类（包括栽培品种）的泛称；而"棕榈"则指棕榈科中的一种植物，如棕榈科（Palmae）棕榈属（*Trachycarpus*）中的棕榈（*Trachycarpus fortunei* Hook. H. Wendl.），古时也称栟榈（《本草纲目》）或棕树。

棕榈植物的种类繁多，形态各异，广泛分布于热带和亚热带地区（只有少数种为耐寒型）。按其生态习性，它们中间的大多数生长在热带雨林、热带草原；也有生活于环境潮湿的海岸、溪流及沼泽地；但也有的种类能适应偏酸偏碱的土壤环境。据其生长类型，既有单干型、丛生型，也有攀缘型。依其形态特征，叶大是棕榈植物的显著特征，如贝叶棕的掌状叶大小为（2.5～3.5）m×2m；而王酒椰的羽状叶长可达15m。

所以说，棕榈植物的这些习性和特征与其他植物迥然相异。在园林应用上，为营造和丰富园林景观，表达特殊的意境，发挥着重要作用。

二、棕榈植物的形态特征

1. 根系

棕榈科植物的根系较为独特。幼苗的初生根容易死亡，继而由茎部特定的发根区长出须根，且一长出来就是最大的粗度，不会随年龄增大作次生生长。这些根一般有3次分枝，第三次长出来的根是最细小的，用来吸收水分。

2. 茎干

形态直立或攀缘，表面平滑或粗糙，常覆以残存的老叶柄的基部或为老叶脱落下的痕迹。棕榈植物的茎皆为原生组织，即只有散生的管状维管束，没有形成层，即没有年轮。茎干的生长顺序也有别于其他植物，先完全发展干部的粗度，然后才进行增高生长，一旦进入增高生长，茎干的粗度便不会再增大。每一枝茎只有一个生长点，所有叶片都从这里长出来，这个生长点称为顶芽。大多数棕榈植物的顶芽没有再生能力，亦不能自我修补伤口，因此一旦顶芽受损就无法补救。

3. 叶片

直立性棕榈植物的叶片多聚生茎顶，形成独特的

乔木状（单干型）

攀缘状（蔓生型）

灌木状（丛生型）

棕榈植物能阻滞空气中的烟尘，起到滤尘作用

树冠，一般每长出一片新叶，就会有一片老叶自然脱落或枯干。

4. 花和花序

花序生长方式有两种类型：一是从节间长出花序开花，并随着节间的增长而向上生长；另一种是由上向下开花，在顶芽上萌发花芽，没有了顶芽植株就不会长高。

5. 果实和种子

棕榈植物的果实与种子的大小，依种类不同而有较大的差别。核果类种子，一般较大且有坚厚的种壳，如椰子。基部有三孔，其中的一孔与胚相对，萌发时胚根由此穿出，其余两孔也坚实。

在绿地中的空旷地带，采用假槟榔、蒲葵、鱼尾葵单种群植或多种混植，而形成颇具南国风情之景观

三、棕榈植物的分类

（一）按其科属分类

目前，棕榈植物的分类尚无统一的意见。现行分类主要依据 J.Dransf.& N.W.Uhl（1986）的分类法（刘海桑《观赏棕榈》，中国林业出版社，2002），将棕榈科（Palmae 或Arecaceae）下分为6大亚科，即贝叶棕亚科（Coryphoideae）、槟榔亚科（Arecoideae）、省藤亚科（Calamoideae）、水椰亚科（Nypoideae）、蜡椰亚科（Ceroxyloideae）和象牙椰亚科（Phytelephantoideae），共有2800多种。而后，中国科学院华南植物研究所林有润教授将棕榈科（Palmae 或Arecaceae）中的省藤亚科划分出来，单独成立为省藤科（林有润主编《观赏棕榈》，百通集团、黑龙江科学技术出版社，2003）；而省藤科下分为2个亚科，即省藤亚科（Calamoideae）和鳞果椰亚科（Lepidocaryoideae）。

1. 棕榈科（Palmae 或Arecaceae）

贝叶棕亚科（Coryphoideae）
棕榈属（*Trachycarpus*）、石山棕属（*Guihaia*）、棕竹属（*Rhapis*）、蒲葵属（*Livistona*）、轴榈属（*Licuala*）、琼棕属（*Chuniophoenix*）、刺葵属（*Phoenix*）、丝葵属（*Washingtonia*）、贝叶棕属（*Corypha*）、箬棕属（*Sabal*）、糖棕属（*Borassus*）等。

槟榔亚科（Arecoideae）
桄榔属（*Arenga*）、鱼尾葵属（*Caryota*）、瓦里棕属（*Wallichia*）、槟榔属（*Areca*）、山槟榔属（*Pinanga*）、椰子属（*Cocos*）、王棕属（*Roystonea*）、皇后葵属（*Syagrus*）、荻棕属（*Dypsis*）、假槟榔属（*Archontophoenix*）、油棕属（*Elaeis*）等。

水椰亚科（Nypoideae）
水椰属（*Nypa*）。

蜡椰亚科（Ceroxyloideae）
肖刺葵属（*Pseudophoenix*）、溪棕属（*Ravenea*）、酒瓶椰属（*Hyophorbe*）、坎棕属（*Chamaedorea*）等。

象牙椰亚科（Phytelephantoideae）
象牙椰属（*Phytelephas*）等。

大面积种植棕榈植物，对提高小环境范围内的空气湿度效果显著

棕榈植物具有维持生态循环和自然净化的能力

2. 省藤科（Calamaceae）

省藤亚科（Calamoideae）

凸果桐属（*Eugeissona*）、砂谷椰属（*Metroxylon*）、酒椰属（*Raphia*）、省藤属（*Calamus*）、黄藤属（*Daemonorops*）、钩叶藤属（*Plectocomia*）、蛇皮果属（*Salacca*）等。

鳞果桐亚科（Lepidocaryoideae）

南美桐属（*Mauritia*）、鳞果桐属（*Lepidocaryum*）等。

（二）按其形态特征分类

棕榈科植物因生活环境的不同，其形态特征也有差异。按其形态特征（或生活习性）可分为乔木状（指其茎单生，株型高大且粗壮的棕榈植物），灌木状（丛生型）及攀缘状（蔓生型）。从园林应用考虑，这种分类简易、方便、可行。

四、棕榈植物在园林中的作用

1. 棕榈植物具有改善环境的作用

改善环境温度：棕榈植物的树冠能遮挡阳光而减少辐射热，并降低小气候环境的温度。不同种类的棕榈植物具不同的降温能力，这主要取决于其树冠的广阔程度及叶片大小等因素。

提高空气湿度：大面积种植棕榈植物，对提高小环境范围内的空气湿度，其效果尤为显著。据有关数据测定，一般群植灌木状的棕榈植物其周围的空气湿度，要比空旷地高10%左右。

净化空气：和自然界绿色植物一样，由于棕榈植物吸收二氧化碳，放出氧气，而人呼出的二氧化碳只占棕榈植物所吸收二氧化碳的1/20，这样大量的二氧化碳被棕榈植物吸收，又放出氧气，具有积极恢复并维持生态自然循环和自然净化的能力。

吸收有害气体：棕榈植物具有吸收不同有害气体的能力，可在环境保护方面发挥相当大的作用。

滞尘、杀菌、消除噪声：由于棕榈植物叶片具大且阔的特点，因而能阻滞空气中的烟尘，并且可以分泌杀菌素，杀死空气中的细菌、病毒，以及减弱噪声。

2. 棕榈植物具有美化环境的功能

公园、风景区绿地：公园、风景区绿地包括公园、广场、小游园绿地。可根据棕榈科植物的树型及特点进行布景。通常在公园绿地中的空旷地群植，如深圳莲花山公园、洪湖公园在开阔的草地一侧，采用假槟榔、蒲葵、鱼尾葵单种群植或多种混植，而形成颇具南国风情且壮观的棕榈植物区。利用丛生类棕榈科植物，如短穗鱼尾葵、棕竹等，其枝叶繁茂、四季常绿的特性，可列植用于分隔园林空间、遮挡视线，或形成景观带、绿篱、隔离带。选用低矮、洒脱秀丽的种类，如散尾葵、三药槟榔、美丽针葵、棕竹、棕榈等，点缀于公园、风景区的山石、水池、门窗、景墙等景观之中。还可用皇后葵、国王椰、董棕等棕榈科植物，三五株配植作为景点间的过渡；也可与其他观花、观叶植物，山石配植，形成别具一格的景观效果。而用大王椰、假槟榔、鱼尾葵等大型棕榈科植物，其树型独特、干直叶美、气势非凡，且树干富有韧性，不易折断，常常被群植于湖边或形成棕榈岛，游人不仅能感受树冠形成的变化多端的天际线，还可以欣赏其水中美丽的倒影。

街道公共绿地：街道绿地包括城市道路、街头公共绿地等。棕榈科植物的特点，就是高大挺拔，洒脱清秀，雄伟壮观；且落叶少，树体通视好，有利于交通安全和清洁卫生。因棕榈科植物为须根系，不会危及墙基及地下管线的安全，故常用作行道树或植于中央绿带上，如蒲葵、假槟榔等；在道路交叉口及中央隔离带上，可配植一些低矮的棕榈植物，如美丽针葵、棕竹等，既不妨碍司机及行人视线，也不会遮挡街景。而在街头绿地中，采用丛生紧密型棕榈科植物，如棕竹、短穗鱼尾葵等，通过密植可作街头园林小品的背景，或遮挡墙体和俗陋设施；还有大型的棕榈科植物如伊拉克蜜枣、老人葵等，与附近的建筑物及公共设施配植，可独立成景。

社区庭院绿地：社区庭院绿化包括居住小区、办公区、别墅庭院及其内庭、屋顶花园的绿化等。在社区庭院绿化中，以三药槟榔、短穗鱼尾葵、棕竹等多干丛生型种类，紧密种植成绿色屏障，用作停车场的分隔空间以及遮挡厕所、垃圾房等处所；采用假槟榔、棕榈、国王椰等，以三五株配植成景；而用澳洲羽棕、美丽针葵、三药槟榔等仪态轻盈雅致的棕榈科植物与各类景石组合配植，或植于墙前、廊边、小型水体旁，别具情趣；还有利用其须根系的特点，常以小型棕榈科植物，如美丽针葵、三药槟榔、棕榈作为屋顶花园绿化材料等。

室内厅堂：室内厅堂包括机场航站楼、车站、宾馆、酒店、博物馆等公共场所。在室内大堂明亮处，摆设一些耐阴、耐湿的蒲葵、棕竹、散尾葵等小株型的棕榈科植株；还有袖珍椰子小巧玲珑，姿态优美秀雅，叶色浓绿光亮，耐阴性强，是优良的室内中小型盆栽观叶植物。栽植可使环境优雅，绿意盎然。

五、棕榈植物的资源利用及开发

棕榈植物具有很好的观赏价值，除用于园林造景外，还有多种经济用途。棕榈植物全身是宝，其根、茎、叶、花、果等均有很高的经济利用价值，在人们的日常生活中占有重要的位置。目前，世界上棕榈植物综合利用产品超过500种。

1. 棕榈植物的食用

棕榈油：据报道，棕榈科植物中约有10个属棕榈种类的果实、种仁可生产食用油或工业、药用油脂，以油棕和椰子最为典型。油棕果和种子均可榨油，油棕果含油量达70%，种子含油量约50%，每667㎡油棕生产棕油200～400kg；椰子肉烘干后也可榨油，通常每667㎡椰子生产椰油80～100kg。棕油和椰油品质极佳，可用于人造奶油、烹调油、沙拉油、酥烤油、调味酱等。科学家们已发现，椰油和棕油等与汽油混合使用可以作为内燃机的燃料。目前，菲律宾、印度尼西亚和马来西亚等国家，利用棕榈油成功地开发成生物柴油、生物机油和高级润滑油等，产品已投放市场使用。因而，椰子和油棕等棕榈植物是未来重要的能源植物研究对象之一。

棕榈糖：棕榈科植物中约有11个属可生产糖产品。多数是将花序割开后采集其花汁，将花汁经过蒸煮与加工而成食用棕榈糖，如糖棕、桄榔等。有些棕榈植物的树汁或果汁可直接当作饮料饮用或发酵成酒和醋，如智利椰子。东南亚一带通常将糖棕未开放的花序割开取得的汁液称"椰花汁"，糖棕的"椰花汁"含糖量约15%，每株糖棕1天可收集3～5L的"椰花汁"，"椰花汁"可直接发酵成酒，也可制成醋，更多的是蒸制成食用棕榈糖。智利椰子的树干内有丰富的含糖汁液，通常在春天砍伤或钻孔采集树汁，每株每年能采270～400L，经煮沸浓缩即得"椰蜜"，保存后再煮沸可供饮用。

棕榈淀粉：通常来说，棕榈植物的茎干不能食用，但西谷椰、鱼尾葵、菜王椰等棕榈植物的茎干可生产淀粉，可制成各种食品，如饭、粥、面包、布丁等。西谷椰在栽培条件下，8年后可以收获，每株可产髓1000kg，其含淀粉约18%，淀粉产量高于木薯和水稻，主干死后

盆栽散尾葵摆设在航站楼大厅　袖珍椰子摆放于办公案头

可由根部生出更多的新芽更新。1株西谷椰的淀粉产量可供一个成年人1年之食用。

棕榈果蔬：椰果是最广为人知的热带水果，椰肉(固体胚乳)细嫩松软，甘香可口，可加工成如椰奶、椰奶粉、椰蓉、椰丝、椰干、椰子饼、椰子酱和椰子蜜等系列营养食品。椰子水(液体胚乳)鲜美清甜，一般7～8个月的嫩椰子果的水含糖分达到6%～10%，可当成水果直接食用，深受广大消费者喜爱。此外，还有20多个属的棕榈种类所产的果实可鲜食和加工成食品，还有一些棕榈植物的芽、幼叶或嫩茎可食用，常被人们制成罐头。大多数的棕榈植物的树汁、花序汁经发酵后可获得高能量的、富含矿物质及蛋白质的美味果酒，果酒经蒸馏后便是含酒精度较高的烧酒，即棕榈酒。如海枣是地中海地区的代用粮食，其果实可加工成果汁和"蜜枣"；蛇皮果是东南亚地区高级宾馆的上等佳果；巴西桃果椰子是当地的主要"粮食"，果可食用，果含蛋白质3.1%～14.9%、油2.6%～61.7%、淀粉33.2%～80.8%，其嫩茎棕心可作蔬菜食用。

2. 棕榈植物的药用

槟榔是我国著名的四大南药之一，其种子、果皮、花苞和花均可入药。槟榔种子中槟榔碱的含量约0.1%～0.5%，是驱虫的有效成分；槟榔果和花苞等还有治食积气滞、腹胀便秘等功效。而椰子水可治肠胃炎，椰子根中的汁液可治痢疾及作伤口的收敛剂等。还有一种原产于美国东南部大西洋和墨西哥湾沿海地区的锯叶棕，其果实有抗菌消炎之效，对治疗良性前列腺增生的效果特别显著。

3. 棕榈植物的工业用途

棕榈蜡：原产于巴西的蜡棕是棕榈蜡的主要来源，是

重要的化工原料，被广泛用于化妆品、鞋油、地板蜡、蜡烛、光亮剂、复写纸、唱片等，其产蜡品质最佳。

棕榈活性炭：烘干的椰子硬壳是由99%的纤维素和木质素组成。椰子硬壳经热解可生产椰壳活性炭，是一种优质的活性炭材料。目前，我国及东南亚各国已经在广泛应用椰子硬壳生产活性炭。由于椰壳活性炭具有小洞结构、机械强度高、吸气能力强等优点，可以用于防止气体或蒸汽污染的装置，在防治环境污染方面前景十分广阔。

棕榈纤维：生产纤维的棕榈植物超过16个属100多种。纤维可用于编织工业用品和日常生活用品，用于生产垫、毯、刷、帚以及绳索，如棕榈床垫、座椅靠垫、地毯、棕榈绳、棕榈扫把、棕榈衣等，均是我国华中、华南一带人们熟悉的用品。椰棕纤维具有牢固、耐盐、抗菌、质轻、耐磨、透气、富有弹性等特性，至今仍扮演着重要的角色。

棕榈介质：棕榈、贝叶棕、蒲葵、糖棕、皮沙巴椰等植物叶能加工成椰衣介质、椰糠等无土栽培介质。

这些介质是一种纯天然的、能被生物降解的、可重复使用的再生资源，在园艺栽培中具有改良土壤结构、提高通透性、提高土壤含水量、促进营养转移、减少土壤板结和土壤流失、保水保肥等性能，被广泛应用于苗木栽培、无土栽培等领域。

六、悠久的棕榈文化

棕榈在我国南方栽培的历史悠久，也沉淀着极其丰富的文化内涵。从诗词、书画到民间舞蹈都有文字记载。云南哈尼族对棕榈情有独钟；而哈尼族人视棕榈为"生命力"的象征。如家庭有孩子出生一般都用棕皮包裹初生婴孩，并以"棕"字取名，如棕发、棕德、棕才、棕妹等，这种取名方式含有发展、兴旺、强盛、美好、健康长寿等意思。毫无疑问，这是希望孩子的生命力像棕榈一样兴旺强盛，孩子不会夭折、长得健壮结实。因而，在哈尼族民间广泛流传着婚嫁育子、招魂驱邪、舞蹈等种种与棕榈有关的传统习俗和传说。

1. 棕榈与文学艺术

文学是语言的艺术，是借助语言来塑造形象。千百年来，古今文人对棕榈十分推崇和厚爱，并写下许多咏唱棕榈的名篇佳作。如唐·白居易《西湖晚归回望孤山寺赠诸客》吟："卢橘子低山雨重，栟榈叶战水风凉。"意指棕榈的叶子随着清风吹动相互击打着，湖上

棕榈油

棕榈糖

椰子粉

椰子酱

椰子饼

棕榈蜡

棕榈衣

棕榈扇之一

棕榈扇之二

棕榈扫帚

棕榈绳

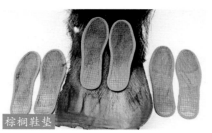
棕榈鞋垫

的水气迷迷蒙蒙，微波动荡，水天一色。而王昌龄《题僧房双桐》咏"棕榈花满院，苔藓入闲房"；贯休《道中逢乞食老僧》中"赤棕榈笠眉毫垂，拄椰栗杖行迟迟"；明·袁中道《长安道上醉归》亦云："棕榈暗暗藏禅寺，铃柝沉沉护汉宫。"棕榈也是南方寺院常栽种的植物，诗人们观察入微，将棕榈的特征与环境融合，描写得惟妙惟肖，禅意盎然。

还有宋·梅尧臣《依韵和持国新植西轩》咏："棕榈仍未大，散叶才八九；夏绿与冬青，各各自为友。"阳枋《棕花》云"满株摞甲诧棕榈，叶展蒲葵冬不枯"；郭印《棕拂》唱："一色棕榈造，收成掌握中。"

2. 棕榈与民俗

棕扇舞是流传于哈尼族民间的一种舞蹈，因舞者手持棕榈叶制作的棕扇而得名。这种舞蹈平时少跳，但多在哈尼族"关秧门"，多称为"六月年"和哈尼族传统新年"十月年"重要的节日，以及老人的葬礼上跳，年轻人和老人都跳，但舞姿不同，葬礼上跳的棕扇舞动作与年节活动上所跳的也不一样。哈尼族民间的棕扇舞古朴庄重，主要模拟生产、生活或鸟类的动作，富有浓郁的乡土气息。如今棕扇舞已为文艺创作工作者改编后搬上了现代舞台。

哈尼族在婚嫁时，娘家给女儿陪嫁的物品中必不可缺的陪嫁物品是三节金竹片和一个棕心（多数村寨是用棕心的嫩叶），其意为"金竹漂亮俊美，让你带去丈夫家，养出的儿女金竹般漂亮；棕树根深叶茂，让你带去丈夫家，养出的儿女棕树般高大"。哈尼族建寨植棕的思想动机，就是求得村寨人丁兴旺，人口增殖。把棕榈看作是有生命的精灵，能影响到一个村寨的生命活力和人口繁衍，视棕榈为"生命象征树"。

由于棕榈叶柄两侧边缘具有细小的齿刺，哈尼族人在招魂活动中，也常用到棕榈叶柄。哈尼族认为人有12个灵魂，灵魂走失离开人体，人就生病甚至死亡。所以要定期或不定期地举行招魂仪式。根据失魂地点和方式的不同，叫魂仪式有不同的称呼和不同的仪式内容。如果确认某个人的魂是在水边丢失的，就必须举行称为"欧拉枯"的叫魂活动，意为"叫回丢落在水里的魂"。在"欧拉枯"的招魂仪式中，棕榈叶柄是不可缺少的用具，它被当作梯子使用，以便丢失在水中的灵魂顺着棕榈叶柄爬出水中，回附到人身体上。

而在日常生活中，棕榈叶柄的齿刺被看作和一些具针刺的植物一样具有挡魔拦鬼、驱恶避邪的功能，一些身体虚弱的人常取一截棕榈叶柄放于枕下，以确保睡梦平安，不受鬼怪和巫蛊之人的侵扰。在此，棕榈叶柄又成为另外一种象征符号，即具有镇邪作用的辟邪物和护身符。

一、有性繁殖

1. 采种贮藏

9月中旬至10月上旬种子成熟（即种子由软变硬、由绿色变褐色）时采收。在采收时，应在生长旺盛、无病虫害的母树上，选择果实饱满、成熟度高的种子。将采下的种子进行筛选，清除杂质和病虫害种子，风干，装入麻袋，置于通风干燥处。

2. 浸种处理

棕榈植物的种壳坚硬，不易萌芽，必须要对其进行浸种处理。处理方法是：在3月中旬，将种子放入温水中（35～40℃）浸泡1天，捞出后每天早晚仍用温水浸两次。在第一周每次浸泡60～90分钟，一周后每次浸泡30分钟左右。浸泡后用稻草覆盖种子，将种子置于太阳下增温，每过一段时间浇温水，以保持种子湿润。这样，经过10～15天种子即可萌芽。

3. 整地作床

棕榈植物性喜阳光和温暖湿润的气候，对土壤要求不严，适应性强。在土层深厚、水肥适中、略带黏性的土壤中生长最好；在轻壤土中生长亦佳。选好圃地后，在前一年秋季或当年早春，将所选圃地进行一次深耕翻晒，每亩施过磷酸钙50kg、复合肥20kg，拌匀。然后做播种床，播种床面宽1.2m、高20cm，播种床长视场地大小而异。挖好排水沟。

4. 播种

4月初，种子萌芽后即可播种。先在床上挖条播沟，开挖深度为2～3cm，播种密度：行距为40cm、株距为30cm，播后用菌根土覆盖，浇透水。以后视圃土干湿程度及时浇水，经常要保持圃地处于半墒状态，两个月后会长出幼苗。

二、无性繁殖

除了种子播种繁殖外，许多棕榈植物还可进行无性繁殖，包括分株繁殖、扦插繁殖、高压繁殖与组织培养等多种。

1. 分株繁殖

棕榈植物分株繁殖简便易行，适用于丛生性种类，如散尾葵、竹节椰子、棕竹、短穗鱼尾葵以及少数具有短匍匐茎或根出条的单生（茎）种，如食用海枣等。通常宜在春季短匍匐茎至少有3片发育良好的叶后，用利刃将其从母株上切下，插入一个大小适中的花盆或繁殖苗床中，扦插介质以装有泥炭和粗沙或珍珠岩等量混合而成的湿润培养土为佳。然后保温（20～25℃）保湿（70%～90%），并给予明亮的漫射光，待数月根系稳定生长后，即表明分株繁殖获得成功，此后可转入正常管理，定期追肥与浇水即可。

2. 扦插繁殖与高压繁殖

在棕榈科植物中，扦插繁殖与高压繁殖应用较少，仅适用于茶马椰子属、槟榔属、荻棕属和沼地棕属等少数属中的部分种，这些种的植株茎节上，常会长出长短不一的气生根，因此，只要连同气生根将其上部植株切下，插于沙床中保温保湿培养，即可获得新株；也可用水苔或黏性黄土包裹茎节，促进不定根生长，数月后截切下，即可成为一株独立的个体。

3. 茎尖或离体胚培养

在众多的棕榈植物中，迄今仅椰子、食用海枣、油棕等少数经济价值较高的种类，经茎尖或离体胚培养再生成完整植株。棕榈植物的茎尖培养即是取茎尖或侧芽，经抗氧化剂溶液处理，再行无菌消毒后，取其心部$1～3mm^2$的茎尖为外植体，接种于MS固体培养基中，再转MS改良培养基置28℃和黑暗条件下培养。经过2～4周后，便会出现无性胚和绿色小植株。

待小植株根系生长较完善后，再从培养瓶中取出，洗净根部的培养基，移植到活性炭与蛭石等量混合配制的基质中，保温保湿培养，直到健壮生长后，再移入大田种植或上盆莳养。

三、棕榈植物的生长环境

1. 光照

大多数棕榈植物要求有充足的光照（如华盛顿棕榈、加拿利椰子、箬棕等），在缺少光照的荫蔽环境里，会使幼龄植株茎叶徒长；但也有耐阴的（如棕竹、省藤等）和半耐阴的（如散尾葵、竹节椰子等）棕榈植物。耐阴和半耐阴的均具较强的耐阴能力，在半阴的散射光下生长良好，且忌强光直射，小苗期表现尤为突出。

2. 温度

绝大多数的棕榈植物原产于热带与亚热带地区，正常生长温度是22～30℃，低于15℃则进入休眠状态，而高于35℃也不利于其生长。但有较少的品种适应性强，如棕榈可耐-15℃低温，欧洲矮棕耐寒力十分强。如低温未伤及茎尖，可修剪掉受伤的叶片，结合翌春肥水管理使之恢复；如根际受伤或茎顶腐烂，则生存的可能性极小，茎顶受伤尤为严重。越冬前应少施氮肥，多施磷钾肥，增强光照，增加植物体内的糖分积累，提高抗寒能力。长时间的高温会使一些耐阴性较强的棕榈植物叶片萎蔫或灼焦死亡，如散尾葵和棕竹，应结合浇水喷雾减少盛夏时节高温的影响。

3. 水分

大部分棕榈植物对相对湿度十分敏感，热带棕榈在相对湿度低的时候会生长不良，而沙漠棕榈植物则遇相对湿度高的环境容易腐烂与死亡。

4. 土壤

大多数棕榈植物喜欢富含腐殖质的酸性土壤，特别是原产于热带雨林地区的棕榈植物。如表土为沙质壤土，底土有一层结构疏松的黏土最为理想。

5. 营养

棕榈植物虽较耐瘠薄，但所吸收的营养成分只有达

到平衡时才能使其健康生长。棕榈植物缺氮，极易出现植株生长缓慢，叶色变黄，叶片变小，甚至畸形；缺磷，植株生长矮小，叶色变成橄榄绿或带青色，有时甚至呈现黄色，植株失去光泽，且根系不发达；缺钾，最早表现为下部叶片边缘坏死，或叶面出现坏死斑点或斑块，后逐渐向上部叶片扩展，变得越来越严重，缺钾多见于沙地，尤其是春、夏两季雨水较多的地方。因此，只有氮、磷、钾平衡供应，合理施用，植株才能健康地生长。

四、棕榈植物的种植与移栽

种植棕榈植物的场地，需要较好的土壤条件。若土质不好，可用山泥或垃圾土或有机肥拌土垫底改良。棕榈植物的种植宜在春季气温18℃以上时进行，此后温度渐升，水分蒸发较小，有利于植株复壮生长。秋季种植要预留2个月以上的持续生长时间，才能进入冬季保暖，否则，最终仍容易导致死亡。

冬季忌移苗，移后若遇低温，茎干需用草袋或塑料薄膜包扎保温，使之顺利越冬。尤其是单干植株，如大王椰子、红棕榈、假槟榔等，移植时要特别注意保护茎生长点，不可折断或受到伤害。夏季虽不是种植与移植棕榈植物的最佳时期，但若苗木壮实，种植后如果加强养护，仍能取得良好的效果。

棕榈科植物种植或移栽时，尤其是大棵苗木种植或移栽时，为减少植物蒸腾，提高成活率，仅留3～5片叶，甚至仅留1～2片心叶，其余均要剪去。但这样要恢复到完整树冠所需时间较长，一般要2～3年。若要很快产生绿化布置的效果，可不剪叶，但要在栽后采取补液措施，或用稻草包裹树干或搭棚遮阴等，且每天早、中、晚都要喷水。或提前3～6个月断根，即沿干基周围挖成环形沟，干基附有大土球，断根后经常给干基浇水，促使新根萌发及断根生长分枝。起苗时土球高度要比直径大，呈圆柱形，移栽时要带土球，且土球要完好无损，树穴要深挖，以防伤害下胚轴入土较深的种类的根部。此法也可有效地减缓或克服大棵树木移栽常发生的生长停滞现象，提高绿化效果。定植时通常土球面要比种植的低；但若种植地的地下水位较高，种植时其土球面则要比种植穴高些，以防止基部积水而烂根。茎干较高的植株还需用竹子固定，防止风吹造成根部松动，影响成活。

打穴备耕。种植地点在移植前20天打穴，穴规格一般是土球的1.5倍。打穴的泥土露天暴晒一段时间，回填土最好用预先准备好的混合土：塘泥+农家肥或蘑菇泥土

+适量的熟化磷肥+适量河沙，沙：泥为4：6。

种植时间。珠三角地区全年可移栽，最佳为春秋两季，尽量避免夏冬两季，尤其是1月和7月。棕榈科植物大都喜温、喜湿，夏天气温高，苗木水分蒸发快，易造成失水过多而影响成活；冬天气温低，有些地方甚至有霜，强北风易造成苗木冻伤甚至冻死。

有些单干棕榈科大苗树干较粗，移苗的工作量大，苗木极易受伤，因此，移苗时要用麻袋或稻草包扎树干，特别是树干与叶柄连接处的部分，一则保护树干，二则保湿及防晒。此外，起苗时结合修剪叶片，去除老叶，保留叶片的40%～45%(具体根据树势强弱而定)。同时把叶片连叶柄剪去1/5，以尽量减少水分的蒸发。

苗木最好当天挖当天种，起苗时间过长，苗木水分蒸发大，易因失水影响成活。若当天不能种完，应用遮阳网盖好并每天在叶面上喷少量水，做好遮阴及保湿。

五、盆栽技巧

有些棕榈植物长有肉质的白色粗根，沿着盆土的外缘盘绕生长，常常从容器的排水孔中穿出。较细的营养根也能在培养土表面伸展。细根无须照料，但切不可损坏粗根。虽然根部受到一点损伤并不会导致整株死亡，但是生长可能会停止，或者会有好几个星期生长将非常缓慢。

六、水肥管理

棕榈植物在幼株时或刚移栽未成活之前，需要较细心的管理与养护。成活后，可逐渐转为粗放管理。一般在苗木移栽时，应淋足定根水，在苗木生长发育过程中应经常保持场地土壤湿润，干旱时每天淋水一次。浇水量因植株个体不同而异。一般来说，生长活跃期间要大量浇水。盆栽更为讲究，一般每次浇水都要足以使花盆或木桶底部的排水孔有一些多余的水流出。有些品种的植株甚至可以放在水中浸一会儿，但每次不得超过30分钟。炎热的夏季还可对盆栽植株作喷淋，以求补充水分及降温，每天1～2次。但要避免积水，否则常因栽培基质过湿，致使根系呼吸受抑，造成烂根，出现黄叶甚至死亡现象。对温带地区引入的棕榈植物，夏季喷水降温更要适度，切勿过勤过湿。休眠期间的浇水量，主要视植株在什么条件下生长而定。具体可根据植物在冬季表现出的生长量大小而相应地减少常规供水量的

80%～100%，环境越凉爽所需的浇水量就越少。然而，即使在温暖的环境中，也必须设法使植株有一个冬季休眠期，而促使植株休眠的一个方法是在冬季2～3月份使盆土保持微湿。

棕榈植物的施肥，除定植时要下足基肥外，小苗每隔1～2个月追施一次有机肥或复合肥。大苗常在苗木移植成活后，于生长季内（5～10月）每季度追施一次，各种有机肥或复合肥均可，仲秋气温降低时，少施氮肥。温度低于15℃，应停止施肥，以免使生长的新叶遇低温受寒害。

七、防寒防冻

暂时不要去掉仍有一定绿色组织的叶片，最好能将冻死的叶片也暂时保留下来，直到低温气候结束。

八、病虫害防治

1. 病害

● 心腐病，为鞭毛菌亚门真菌，主要危害三角椰子、酒瓶椰子、红棕榈、散尾葵、鱼尾葵、椰子、狐尾椰子等。

发病特点：主要危害植株顶部心叶和芽。展开的心叶基部有灰绿色形状不规则的水渍状病斑，病斑变黄并转褐色，未展开的叶片灰绿色，植株的生长点枯萎腐烂，植株停止生长，心叶枯萎下垂后稍用力即可把它拔出来，随后周围未被侵染的叶片由内到外层层下垂、脱落。茎腐烂并有恶臭味发出。最后从基部倾折并干枯死亡。条件适宜时孢子囊萌发借风雨、昆虫或灌溉水传播，侵入寄主引起发病。栽培场所通风不良、湿度大易发病。缺钾肥，有昆虫危害或人为机械操作造成了大量伤口，则病害发生比较严重。

防治方法：①冬季及时修剪病叶，集中烧毁，对周围的植株或枝丛喷洒波尔多液。②禁止喷淋式浇水。合理施肥，多施有机肥增强植株抵抗力，合理浇水。③先用65%甲霜灵稀释600倍和代森锰锌稀释500倍溶液预防，对已发病树要重点喷药，喷药时要注意对树心发霉部分从上往下喷，发病枝叶的病区要正反两面都喷洒。甲霜灵要连续喷3次，每周喷1次，喷完3次之后改用40%乙磷铝稀释400倍和灭病威400倍稀释一起喷洒，同样喷施3次后改用甲霜灵。④平时要喷内吸性药剂防止红棕象甲、椰心叶甲等害虫幼虫钻蛀危害造成病菌传染。

● 炭疽病，属半知菌亚门真菌，主要危害假槟榔、鱼尾葵、王棕、皇后葵、海枣等。

发病特点：病害多从叶缘、叶尖开始发生再扩展到柄上。病斑呈圆形、半圆形或不规则形，初期暗褐色，后期浅褐色，有小黑点，叶片病健交界处有黄色晕圈，后期病斑变黄至黑褐色，病斑中间轮生小黑点。病菌在病叶或病残体上越冬，翌年形成初侵染源，4～8月是病菌发生和流行期，高温高湿，肥水管理不当，种植时伤根过多，都有可能造成病害发生。

防治方法：①冬季及时清理病叶集中烧毁减少病源。②加强肥水管理，提高植株抗病力，修剪枝叶通风并用波尔多液喷雾。③每年4月开始喷洒50%多菌灵可湿性粉剂800倍液或70%的代森锰锌可湿性粉剂500倍液、70%炭疽福美可湿性粉剂500倍液或75%百菌清可湿性粉剂800倍液。

● 叶斑病，属半知菌亚门真菌，主要危害散尾葵、董棕、鱼尾葵、假槟榔、软叶刺葵、王棕等。

发生特点：病菌多从叶缘、叶尖侵入。初期在叶片上大量分布淡黄褐色病斑，逐渐颜色加深并扩展为条斑至不规则斑，后期在病部出现散生的椭圆形小黑点及不明显轮纹，叶片受害严重时干枯卷缩，植株病死。该病菌在华南地区终年传播危害，温度适宜时，产生的孢子借风雨传播，侵染危害，潮湿、不通风容易发病，棚室、温室比露天苗圃发病严重。

防治方法：①冬季及时清除病叶并喷波尔多液，减少菌源。②发病初期，用70%的代森锰锌可湿性粉剂500倍液，也可用75%百菌清可湿性粉剂600倍液、50%克菌丹可湿性粉剂300～500倍液喷洒。

● 假黑粉病，属半知菌门，主要危害海枣。

发病特点：该病在海枣的整个生长期均可发生，苗期发病表现叶面开始出现淡黄色斑点，斑点逐渐扩大并变成黑褐色，上面出现黑色小点。成株期发病时羽状叶、心叶、茎干等部位出现淡黄至褐色病斑，老熟后变为深褐色，在病斑的两面都可以形成井状隆起，呈火山状小苞，最后破裂，其上长出黄色丝状体，内形成黄色粉状分生孢子。病斑边缘明显，外围有一较宽的黄晕，叶柄和叶轴被害后会裂开。一旦染病，叶片的病斑累累，发病严重时密布全叶，发黄干枯。病菌以子座或孢子在病叶上越冬。来年在适宜的气候环境产生孢子，孢子通过风雨传播侵染。孢子萌发产生芽管直接侵染海枣叶片。夏日高湿多雨和通风不良的环境条件下病害发生严重。

防治方法：①海枣栽种应通风、疏植，秋冬季适当修剪，除去老病叶集中烧毁，减少侵染源。②在4～5月发病前喷洒波尔多液保护。③发病期间喷洒75%百菌清可湿性粉剂600倍液或25%敌力脱乳油2000倍液。10～15天1次，连续喷洒3次，药剂要交替使用。

2. 虫害

● 椰心叶甲，属鞘翅目铁甲科，主要危害椰子，也危害棕榈、鱼尾葵、散尾葵、海枣等棕榈科其他植物。

发生特点：成虫、幼虫都在未展开的心叶羽片间危害，纵向取食叶肉组织，叶面留下与叶脉平行的褐色条纹形狭长伤疤，随着植株生长扩展成不规则的褐色斑。叶片受害严重则整株枯萎或顶部几张叶片呈火烤焦枯状，当生长点受害严重时使植株停止生长直至死亡。

防治措施：①将受害严重的心叶剪除焚烧掩埋，或刚发病的地方把受害植株砍除，防止害虫进一步扩展。②合理施肥、多施磷钾肥，增大植株间的通风透光性，提高植株防虫的能力。③可用16%虫线清乳油或内吸性较强的药剂对矮小树体进行叶面心叶喷雾施药处理，或4.5%氯氰菊酯500倍液，或用48%乐斯本乳油1000倍液+4.5%高效氯氰菊酯乳油1500倍液进行喷雾。④用椰甲清粉剂或绿僵菌粉剂挂包，放置在心叶基部幼嫩叶片内侧，塞入心叶与旁侧叶片之间，固定在叶梗上然后在药包上部缓慢淋水，让水慢慢渗入有虫的叶片和心叶深处。

● 红棕象甲，属鞘翅目象甲科。寄主有椰子、加拿利海枣、华棕、霸王棕等。

发生特点：成、幼虫均危害，后者造成损害更大。受害株初期表现为树冠周围的叶子变枯黄，后扩展至树冠中心，心叶也黄萎。卵一般产在植株幼嫩的叶鞘部位，幼虫孵出后自伤口钻入，逐步向茎内蛀食，造成隧道并在隧道内留下植株纤维和排泄物。在危害华棕等鬃须多、树干坚硬的植株时，卵产在脱柄的地方，然后向内、向上危害，被害组织很快坏死、腐烂发出臭味。虫口多时树干被蛀空，遇大风容易折断。危害到生长点时，生长点腐烂，植株死亡。危害高峰期在7～8月。一般情况下，幼虫遇到骚扰脱离树体后都会死亡；而当一个植株内虫口过多，营养不够的时候也会发生相残现象，树长势衰退接近死亡，没有营养的时候，多数幼虫结束取食进行化蛹。

防治措施：①在苗圃内设置一个距离地面1.5 m

高的黑光灯，灯下放置盛有杀虫剂的水盆诱杀成虫。②利用聚集信息素诱杀部分成虫，减少田间种群数量。③用发酵酸味浓、汁液多的菠萝、甘蔗、海枣嫩茎等有诱集作用的引诱物诱杀成虫。④在离树干基部约0.3～1m处钻与树干成约45°角倾斜的孔道，注入40%辛硫磷乳液原液后封口。还可用5%锐劲特乳油或30%树虫一针净注干液。

● 沁茸毒蛾，该虫分布于台湾、广西、广东、福建、云南、四川等地，主要危害假槟榔。

发生特点：该虫在广东一年发生6代，每代约34～46天。成虫白天静栖于叶的反面，夜间活动。卵聚集成块，每块有卵200～300粒。初孵幼虫有群集性，3龄后分散危害。茧结于叶片上。

防治措施：①如植株较少，高度又能达到，可摘除并销毁卵块和虫茧。②在幼虫发生期，喷90%敌百虫原液1000倍液毒杀。敌敌畏乳油2000倍液，或505马拉硫磷乳油1000倍液毒杀。

● 棉蝗，分布于广东、广西、福建、台湾、湖南、湖北等地，以成、若虫取食叶片，主要危害蒲葵、散尾葵、刺葵、棕榈等植物。

发生特点：4月下旬跳蝻(若虫)孵出，6月中旬至7月下旬陆续变为成虫。成虫取食10天左右，于7月下旬至9月下旬，开始交尾产卵。2龄前跳蝻食量小，仅食叶肉，3龄后食量逐渐增大，以5龄后期至成虫未交尾产卵前食量最大，大量发生时常将整株叶片及小枝食光。2龄前跳蝻常群集取食，2龄后逐渐开始上树危害，群集性减弱，5～6龄后则分散取食，至成虫时，扩散范围更广。温暖湿润的气候利于其发生。土壤质地疏松则适于产卵。

防治措施：①在跳蝻期，可用扫帚扑杀，在成虫期，如虫口密度较低，可用人工捕捉方法消灭，捕捉应在清晨露水未干，虫体静伏不动时进行。②在跳蝻期和成虫期，可用90%敌百虫原液，50%马拉硫磷乳油，40%乙酰甲胺磷乳油中任一种的1000倍液毒杀，还可用"741"敌敌畏插管烟雾剂进行防治。

● 蛴螬为金龟子幼虫。棕榈科植物苗圃中，常见有红脚绿金龟、棕鳃金龟、中华茶金龟。主要危害王棕等多种棕榈科植物苗木根部。

发生特点：蛴螬身体肥大、弯曲，皮肤柔软，多皱纹，白色或淡黄色，着生细毛。食性杂(一般苗圃地内的苗木均受害)，将根咬断或全部吃光，使苗木枯死，造成严重缺苗。

防治措施：①播种前每亩可用1～1.5kg 5%氯丹粉，混细土20～30kg，均匀撒于土表，然后将其翻入土中，可将土内幼虫杀死。或播种前，放水浸苗圃地，灭杀幼虫。②苗木出土后，发现幼虫危害根部，可在受害苗床上间隔一段距离打一小洞，灌进50%氯丹乳油毒杀，一般浓度为用药1kg加水300～500kg。

3

棕榈植物在园林中的应用

当前，棕榈植物在园林中的应用，越来越受到人们的青睐。随着我国棕榈植物资源的不断开发和利用，以及从国外不断引种新的棕榈植物种类，各地园林部门及房地产开发商对棕榈植物的造景更加注重。为了追求南国热带园林风光，一些公园、风景区、社区庭院、公共绿地及水岸等，营造出一组组别具特色的棕榈景观。同时，不少棕榈植物种类已成为室内装饰的新宠；而且耐寒棕榈植物也有迅速向北推广的趋势。

一、棕榈植物在园林中的应用

随着城市建设步伐的加快，人们在园林绿化景观建造方面的要求也越来越高。为了创造更具特色的自然景观，在使用常规绿化树种的同时，加大了对棕榈科植物的应用，这不仅提高了棕榈植物在园林景观中的地位，而且也突出了热带园林景观的特色。

1. 道路

在华南地区的城镇中，棕榈植物常植于道路两旁，与道路附近的建筑物和其他公共设施相配套。如单干型乔木状棕榈植物中有油棕、狐尾椰、王棕、董棕、加拿利海枣、假槟榔、蒲葵等，其茎干挺拔粗壮、不分枝，树形整齐，树体通视良好，对交通安全无影响，可列植于道路两旁、分车带或中央绿带上；同时，还具有引导行车方向和行车安全的功能。但棕榈植物作为道路绿化带，选择其品种时要充分考虑如下因素：①根据绿化带的宽度选择适宜的冠幅，切忌植株的枝叶遮挡路面视野；②在多台风、多降雨的地区，应选抗风和抗涝的树种；③避免棕榈植物的果实（如椰子）掉落或老叶脱落，造成安全隐患，应提前摘果，并经常修剪老化的叶子。

2. 公园

在公园较开阔的地带，通常选择适应性强的棕榈植物种类成片栽植，既可单个品种群植，也可多品种混植，使其成为具有热带风情的棕榈植物区。通常选择的棕榈植物有短穗鱼尾葵、王棕、假槟榔、蒲葵等。在公园一些空间较狭小的地方，如山石、水旁、景墙、门窗、花架、凉亭的前后，可少量种植低矮、秀丽的棕榈植物，如细叶棕竹、散尾葵、大叶棕竹、美丽针葵等，这样既丰富园景，又能增添生机和活力。

在街道两旁种植椰子为行道树

在街头绿地中与石景组合

与建筑物及公共设施配植而独立成景

泰族庭院种植的假槟榔

在草地上起到衬托雕像的作用

小型棕榈植物常是美化屋顶的材料

盆栽棕榈景观

3. 社区庭院

社区庭院应用范围，包括居住区游园、宅旁绿地、公共建筑庭院及内庭的绿化等。一般来讲，庭院的空间不大，适合选择一些体量小、丛生型棕榈植物的配置。单干型乔木状棕榈植物种植于庭园主口，并配以花灌木，强化庭院入口景观；采用棕竹、短穗鱼尾葵、三药槟榔等多干丛生型棕榈植物，点缀在庭院中，或密植形成一道绿色屏障，可用于分隔庭院空间，增加景观层次；可用作庭院景石、雕塑的背景，或种植于喷泉一边，给人清新优雅的感觉；利用棕榈植物独特的自然形态来呼应人工味较浓的规则式建筑形体，达到"天人合一"的境界。

4. 屋顶花园

棕榈植物在屋顶花园中应用广泛，这是因为其具有显著的优势特征：首先，属于典型的须根系类型，无主根，一般不会对屋顶建筑结构造成损坏；其次，树冠通常不大，能抵抗屋顶强风；再者，许多棕榈植物能忍受季节性干旱。如棕竹属、菱叶棕属、刺葵属等部分种是构建屋顶花园的最佳材料。

5. 单位绿化

单位包括政府机关、学校、科研院所、厂矿等。对单位庭院选用棕榈植物时，应充分考虑到单位的性质、功能、风格、文化底蕴以及所处的地理位置等。比如，为了营造出开阔的空间，常常可利用棕榈植物较高的树冠，如椰子、王棕等。如果要营造清秀雅致的小景致，可利用散尾葵、蒲葵、细叶棕竹、酒瓶椰子、美丽针葵、鱼尾葵等。根据厂矿企业单位的性质，可选择一些对有害气体、烟尘等有一定抗性的棕榈植物种类美化环境。

6. 盆栽

棕榈植物是良好的盆景材料，无论是较矮小的种类，还是一些高大或较高大树种的幼苗，均可作盆栽用。由于盆栽植物可以随盆转移，便于转入温室养护，所以原属于热带、亚热带地区生长的棕榈植物，均能以盆栽绿化形式出现在寒冷地带，用于各类公共建筑、大小会议室、客厅、室内的摆设装饰，并能在温室内越冬、生长。

种植于住宅内庭小水池旁

二、棕榈植物在园林造景中的原则

1. 生态环境适应的原则

不同的植物种类对温度、光照、水分、土壤等外界环境也有不同的适应性和需求。故在城市生态园林绿化与景观建设中，必须根据不同棕榈植物对生境适应的差异，因地制宜地采取针对性措施，缩小其差异。同时，还要充分考虑棕榈植物的地域性，以及当地的气候条件与棕榈植物原产地气候条件的相似性。

2. 科学配置的原则

"统一、调和、均衡、韵律"是园林应用必须遵循的四大原则。而在棕榈植物的配置过程中，也同样如此。

统一　就是在植物配置中，在考虑株形、色彩、线条、叶干搭配关系的同时，要保持一定的相似性，形成统一感。

调和　为减少一致性、近似性或单调性，在景区与景区之间，采用叶色、株形对比强烈的棕榈植物种类，将其区分开来，使之达到和谐的目的。

均衡　即植物的数量或比例要达到平衡的原则。

韵律　就是在配置中，将同一种对比反复运用的原则。

另外，在棕榈植物配置时，应避免以单一的棕榈植物种类作为造景主体的手法。因为大多数棕榈植物属于单干、直立且不分枝，南方地区太阳辐射强烈，夏季难以形成树荫遮阳；同时也应避免过度密植，尽量避免与其他双子叶阔叶树种混植，否则其个体美难以体现；更应避免与针叶树种混种，因为它们分别代表了热带和温带两种地域的景观特色。

3. 乡土种与引进种结合的原则

据报道，世界上棕榈植物种类约200属2800多种；而我国原分布的棕榈植物仅18属89种（含变种）。近几十年来，随着改革开放，国际交往也日益频繁，各地植物园及园林部门从国外引进不少棕榈植物种类，这为充实和丰富我国的园林景观起到了很好的作用。但国内也有一些优势的乡土资源种类，需进行开发利用。无论引进种，还是乡土种类，如海南的琼棕、矮琼棕及云南的龙棕等，都需加强驯化以适应环境，然后加以合理应用。

4. 与文化内涵结合的原则

我国的棕榈科植物应用历史悠久，积淀着丰富且深厚的文化内涵，尤其是一些特定的文化。如云南哈尼族民间把野生棕榈引种到村寨作为"生命象征树"；椰子是繁衍的象征；槟榔代表吉祥幸福，是古代少数民族先民迎接贵客的重要果品。由于槟榔树具有"干直立，不分枝，四季常青"等特性，且槟榔果越嚼越有味，在岭南婚嫁礼俗中具有不可替代的作用，寓意对爱情婚姻的忠贞不二，夫妻生活越过越美好。贝叶棕是与宗教信仰相关联的植物，贝叶经就是用其叶子制成的。还有海枣代表长寿；古希腊用棕榈代表胜利和荣誉；在印度北部，椰子被视为"兴旺繁荣之神"。因而，丰富多彩的棕榈植物文化给园林景观提供了丰富的设计素材。

三、棕榈植物在园林造景中的作用

1. 主题点景

棕榈植物的形态优美，或高大挺拔（王棕），或清秀婀娜（美丽针葵），或仪态潇洒（蒲葵），或霸气十足（加拿利海枣），各具特色，在城乡绿化和园林植物

散植

丛植

列植

与景物相互衬托

将棕榈植物与其他科属植物混种，通过高低、形态、色彩、体量的对比和谐，营造多层次植物群落景观

配植上占有重要地位。

在植物配置上，可以采用自然式的配置方法，如孤植、丛植、群植、散植等，也可将棕榈种类与其他科属植物混种，通过高低、形态、色彩、体量的对比和谐，营造出多层次植物群落景观，充满热带风情，起到点题主景的作用。

2. 与景物相互衬托

棕榈植物的叶片呈现自然的曲线，园林中经常利用这一形态特征，来衬托人工硬质材料构成的建筑空间，物质不同的两种材料组合成优美的园林空间。如在建筑物前种植质感软的棕榈植物(如软叶刺葵)，不仅可以遮掩建筑物生硬的线条和棱角，而且还能起到柔化的作用。在高大的建筑物前种植挺拔的大型棕榈植物(如王棕、霸王棕等)，更能增强建筑物宏伟的气势。在草坪与建筑物间种植中型丛生型棕榈植物(如散尾葵)，不仅能增加景观层次，而且还能起到过渡作用。以山石配置棕榈科植物是一种极佳的虚实表现手法，两者相映成趣。如深圳少儿图书馆广场前的假槟榔，仰视远眺，与近邻的京基金融中心遥相呼应，起到景物相互衬托的作用。

3. 表现季节变化

很多棕榈植物的花序大，果实颜色鲜亮，季相变化明显。如加拿利海枣，单干，扁菱形叶痕紧密排列，雌雄异株，华南地区 5～6 月开花，肉穗花序，橙黄色。幼龄时与苏铁形似，成年后，树形粗壮，羽片丰满，呈现了岁月变迁的景观。一次性开花结果的棕榈植物，如糖椰成熟后，同一花序中的花朵自上而下开放，展现了生命周期的更迭交替。有的棕榈植物从开花至果实成熟需要数年，如巨籽棕，雌雄异株，生长十分缓慢，种子从发芽至出苗约 2 年，以后每年生 1 叶，30 年后才会开花，即使授粉成功，至果实成熟还需 7 年，给人欲获而不得的感觉。

4. 阻隔遮挡或分隔空间

棕榈植物在园林设计中，常被用于遮挡"不雅之地"，如厕所、垃圾房、工具房、破旧的围墙等。如在卫生间正面两侧种植散尾葵、大叶棕竹和粉单竹等植物，可使"不雅之地"若隐若现，通过遮和藏的手法，使建筑与园林绿化有机地结合起来。大型单干型棕榈植物(如菜王椰)在道路景观绿化中，不仅可用于上下行、

种植散尾葵以遮挡厕所的俗陋

棕榈岛景观

快慢车道绿化带，而且还可作为道路景观空间的分隔；有些中等丛生型棕榈植物，如多干鱼尾葵，小型丛生型棕榈植物如大叶棕竹、小琼棕，可用作树篱和矮篱，以构筑闭合和半闭合的园林空间，不仅丰富了景观层次，而且还增添了景观效果。

5. 表达特有人文意境

棕榈植物形态优美独特，颇具观赏价值，具有很强的意境表达功能。高大型棕榈植物如王棕、假槟榔等雄伟挺拔、气势宏伟；霸王棕、贝叶棕、菜棕等质感中透出一丝坚韧不拔、不屈不挠；丝葵的叶裂片之间有明显的白色丝状纤维，能给人一种遐思万缕的感受；加拿利海枣整株茎干覆有排列紧密、整齐的扁菱形叶痕，给人饱经风霜、历尽沧桑的感觉；孔雀椰的叶聚生于顶部，为大型的二回羽状复叶，广张如伞，乘风飘扬，气势非凡。棕榈植物也是典型的宗教信仰树种。贝叶棕纤维发达，可代纸作书写材料，在印度及我国云南一带，僧人常用其叶抄写佛经，可保存数百年之久，又称"贝叶经"。

6. 水岸边配景及棕榈岛

在园林应用上，常在湖水岸边的草地上种植棕榈植物作为点缀，强化景观效果。如在湖边或海边成行种植椰子、王棕、三药槟榔、美丽针葵、蒲葵等，不仅可供市民和游人观赏树冠的天际线，同时还可以观看水中的倒影，营造出开阔的意境。

棕榈岛景观是指将棕榈植物配置于水中的小岛上而形成的景观。棕榈岛可分为2种：一种为游人只能隔岸观赏岛上的景观，因其面积较小，多以高大的棕榈植物配以低矮的地被植物为主，如广州荔湾湖公园中的棕榈岛，岛上景观由几株高大的假槟榔与小灌木以及色彩鲜艳的地被植物构成；另一种为游人可以上岛游览，因其面积相对较大，植物种类繁多，一般是棕榈植物的专类区，如云南西双版纳植物园棕榈专类园的棕榈岛，岛岸上种有近百种棕榈植物，高低错落有致，形体各异；池上片植王莲，还有水间若隐若现的倒影，展现出一种风情万种的南美异域情调。

7. 构筑园林地貌

为了加强园林中地形的起伏变化，常常需要增添土方量，但工程量巨大，若在地势较高处种植大型单干型棕榈植物，不仅能增强地势起伏，衬托出植物的俊秀挺拔，还可以减少工程成本。

四、棕榈植物在园林景观设计中的配置

1. 孤植

孤植是展现棕榈植物个体美的重要手法。如茎干高大的种类、茎显著膨大的种类、茎覆有枯叶裙或密布纤维的种类、中型丛生型以及能正常分枝的种类、叶色特别的种类、花序大型或色彩艳丽的种类都适合孤植，通常作为主景植物配置在构图重心上。若将其与草坪一起配置，不仅通透性好，而且对草皮生长也无不良影响；再者，棕榈植物四季常青，落叶少且易清除，不容易破坏美观整洁的草坪，是一种极佳的造景方式。

2. 列植

列植可展现棕榈植物的韵律美。凡茎干直立生长的种类均可列植，尤以茎显著膨大的种类(如酒瓶椰、瓶棕) 列植效果最佳。对于茎干通直、无膨大的种类，可配植修剪成球形的宝巾花、米兰、扶桑、九里香等，不仅可以减少茎干纵向的生硬单调感，而且还可以丰富景观层次。在较狭窄的园路两侧，建议种植茎干通直纤细的羽状类型棕榈植物，如槟榔、假槟榔、狐尾椰子、猩红椰子等，既可突出的植物清秀挺拔，又给人们以曲径通幽的感受。

3. 丛植

丛植是棕榈植物在草坪上构成主景的主要方式。如在绿色的草地上丛植大王椰子、红椰、狐尾椰子，再配置一些蒲葵、散尾葵，茎干高度不一，会产生动态的变化，从而展现出自然形成景观的视觉效果。

4. 群植

群植是表现棕榈植物群体美的主要方式。群植中心可选用大中型棕榈植物，外围或内部配植中小型的棕榈植物，主要用在大面积场所的布置以及棕榈岛的专门构筑，从而形成具有南国风情的热带景观。

5. 散植

散植的主要形式是构筑障景分隔空间，遮蔽一些不美观的物体。如在建筑物旁和墙前廊边散植散尾葵、美丽针葵等植物，以及在一些不雅观的建筑物旁边种上鱼尾葵或华盛顿葵，既可以改变建筑物的生硬线条，又可以起到遮挡不雅物的作用，可谓简便自然。

列植

丛植之一

丛植之二

散植

羊植

云植

以园林建筑窗櫺框之

借牌坊石柱框景

6. 坛植

坛植可以突出棕榈植物的体形美。一些小型棕榈植物亦可与草花一起配植于花坛中，而形成色彩对比鲜明的景观。如花坛种植酒瓶椰能汇聚游人的视线，成为主景；在屋顶花园或花架下坛植这类棕榈植物，也可取得特别的效果。

7. 框景

框景式配景是园林中用门洞、框架、漏窗等把现实的风景框围起来，使人产生画面感觉。以前的框景植物仅局限于"四君子"、"岁寒三友"，而现代园林中，则广泛应用棕榈植物配置框景，使其远看框景似图画，近看框景景更美。此外，还可以用透景手法，利用棕榈科植物的茎干等，如竹木疏枝、山石环洞般，形成若隐若现的景观，增加趣味，引人入胜。

8. 混植

混植是把不同种的棕榈植物混合种植的一种方式。利用植物的叶形和高矮，搭配出高低错落有致的、层次分明的园林景观。如上层种植大王椰子、砂糖椰子、海南椰子、油棕、金山葵、华盛顿棕榈、国王椰子等高大的棕榈植物，中层种植鱼尾葵、散尾葵、蒲葵、山棕等，下层种植棕竹、小株型蒲葵等，再混搭形态各异的各类灌木、花卉和地被植物，营造热带植物群落，同样可收到很好的视觉效果。

搭配各类乔灌木及湿地植物，营造热带植物群落景观

阿根廷长刺棕
Trithrinax campestris
棕榈科刺鞘棕属

形态特征　小乔木状，单干型，株高10～15m，宿存具长刺及纤维叶基；掌状叶，叶面叶背均具戟突，叶片单折，先端二叉状，叶柄无刺。花两性，果实球形。

分布习性　分布于南美洲；我国华南地区有引种栽培。性喜阳光，生长缓慢，具较强的耐寒性。

繁殖栽培　采用种子繁殖育苗。

园林用途　株形奇特，优美洒脱，适合孤植于社区庭院、公园、风景区绿地，景观效果好。

阿根廷长刺棕

矮叉干棕
Hyphaene coriacea
棕榈科叉干棕属

形态特征 乔木状，茎单生或丛生，粗壮，有明显的叶柄（鞘）残基；叶聚生于茎或叉枝端，掌状分裂，灰绿色。果实呈梨形，直径5～6cm。

分布习性 分布于马达加斯加、非洲东南部；我国华南及云南等地有栽培。

繁殖栽培 采用种子繁殖育苗。

园林用途 株形优美，适合散植、群植于公园、风景区开阔的草坪上，园林景观效果尤佳。

同属植物 叉干棕 *Hyphaene thebaica*，茎干高20m，具大量的二叉分枝，掌状叶。分布于埃及至坦桑尼亚；我国华南及云南等地有栽培。

1	
2	3
4	

1. 点缀路旁
2. 列植在草地上
3. 果序
4. 在公园中的景观

白蜡棕
Copernicia alba
棕榈科蜡棕属

形态特征　乔木状，茎单生且粗壮，高达30m，常有叶柄残基及纤维。叶近圆形，掌状深裂，裂片多数，革质；叶柄两侧基部具尖齿，叶及叶柄上有灰白色蜡质。果实卵球形，长1.5～2.5cm，成熟时褐色。

分布习性　分布于巴西及玻利维亚；我国华南、云南等地有引种栽培。

繁殖栽培　采用种子繁殖育苗。

园林用途　株形高大雄伟，可列植道路两旁作行道树，也可孤植、散植于公园、风景区草地，园林效果较好。

同属植物　巴西蜡棕 *Copernicia prunifera*，茎单生，基部膨大。叶近圆形，掌状半裂，裂片60～80片；叶面上有厚蜡质。

1	3
2	

1. 白蜡棕叶
2. 白蜡棕在风景区草地上
3. 巴西蜡棕在公园中的景观

霸 王 棕
Bismarckia nobilis
棕榈科霸王棕属

形态特征 乔木状，茎干高达20m，单干型掌状叶，叶基宿存，至老时脱落。掌状叶浅裂为1/4～1/3，叶数可达30；叶蓝绿色，叶覆有白色的蜡及淡红色的鳞秕，具中肋，裂片坚韧直伸、先端二叉状，裂片间具纤维，叶面的戟突显著、不对称，叶鞘纵裂呈大的三角状缝隙。雌雄异株，叶间花序二回分枝，圆锥状，由指状花序组成。果卵形。

分布习性 分布于马达加斯加西部稀树草原地区；我国华南及东南地区有引种栽培。性喜阳光充足、温暖气候与排水良好的土壤。耐旱、耐寒。

繁殖栽培 采用种子繁殖育苗。

园林用途 姿形挺拔，叶片巨大，树冠广阔，适于庭院栽培，供观赏。

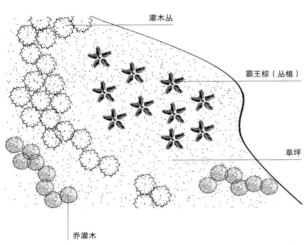

灌木丛

霸王棕（丛植）

草坪

乔灌木

1
2

1. 掌状叶
2. 在绿地中的景观

北澳椰

Carpentaria acuminata

棕榈科北澳椰属

形态特征 乔木状，茎单干型，株高达20m；叶环痕明显。叶拱形，叶呈一回羽状分裂。叶下花序，分枝，果实红色。

分布习性 分布于澳大利亚昆士兰；我国云南有引种栽培。性喜阳光。

繁殖栽培 采用种子繁殖育苗。

园林用途 株形美观，适合植于社区庭院、公园、风景区绿地，园林景观效果良好。

1	
	2

1. 植于路旁
2. 羽状叶片

贝叶棕
Corypha umbraculifera
棕榈科贝叶棕属

形态特征 乔木状，高18～25m，植株高大粗壮，具较密的环状叶痕。叶大型，呈扇状深裂，形成近半月形，叶片长1.5～2m，裂片80～100片，裂至中部，剑形，先端浅2裂；叶柄长2.5～3m，粗壮，上面有沟槽，边缘具短齿，顶端延伸成下弯的中肋状的叶轴。花序顶生、大型、直立，圆锥形，序轴上由多数佛焰苞所包被，起初为纺锤形，后裂开，分枝花序即从裂缝中抽出，约有30～35个分枝花序，由下而上渐短；花小，两性，乳白色，有臭味。果实球形；种子近球形或卵球形，胚顶生。只开花结果一次后即死去，其生命周期约有35～60年。花期2～4月，果期翌年5～6月。

分布习性 原产印度、斯里兰卡等亚洲热带国家，它是随着佛教（小乘佛教）的传播而被引入我国的，已有700多年的历史。目前仅在云南西双版纳地区零星栽植于缅寺（佛寺）旁边和植物园内。

繁殖栽培 主要以种子进行繁殖。

园林用途 其姿形茂盛壮观，是公园、风景区、寺庙、社区庭院等处优良的观赏植物。

同属植物 高大贝叶棕 *Corypha utan*，茎单生，高25～30m。叶近圆形，厚革质，两面亮绿色，常有褐色斑块；掌状半裂，裂片先端钝，微凹，中肋粗壮。分布于菲律宾、印度、缅甸；我国华南、东南及西南地区有引种，生长良好。

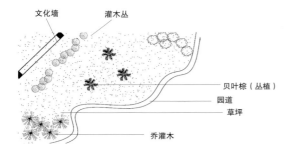

1		4
2		
3	5	6

1. 大型的扇状叶引人注目
2. 奇特的叶片如贝壳
3. 在草地上的景观
4. 贝叶棕与荷花相映成趣
5. 高大贝叶棕在草地上
6. 高大贝叶棕姿态雄伟

槟 榔
Areca catechu
棕榈科槟榔属

形态特征 乔木状，茎直立，高10m多，最高可达30m，有明显的环状叶痕。叶簇生于茎顶，长1.3～2m，羽片多数，两面无毛，狭长披针形，长30～60cm，上部的羽片合生，顶端有不规则齿裂。雌雄同株，花序多分枝，花序轴粗壮压扁；果实长圆形或卵球形，橙黄色；种子卵形。花果期3～4月。

分布习性 分布于东印度群岛、马来群岛及我国云南、海南及台湾等地；亚洲热带地区广泛栽培。性喜温暖湿润的热带气候，不耐寒。

繁殖栽培 采用种子繁殖育苗。

园林用途 株形优美，可三五株群植造景；应用于社区庭院、公园造景等，观赏效果较好。

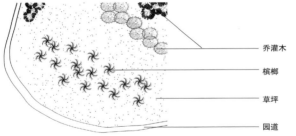

乔灌木

槟榔

草坪

园道

	2
1	3

1. 叶片
2. 丛植于路旁草地
3. 笔直的树干形成独特的景观

波那佩椰子
Ptychosperma ledermannianum
棕榈科皱籽棕属

形态特征 单干型。株高7~8m。茎干浅绿色，常有老叶痕。叶片呈羽状，长约2m，叶柄明显弯曲下垂，叶柄具刺，叶片蓝绿色。花序源自下层的叶腋，逐渐往上层叶腋生长。果实椭圆形，黄至红色。种子椭圆形。

分布习性 主要分布于美国加利福尼亚州。我国有引种栽培。

繁殖栽培 可用种子繁殖。

园林用途 其形态优美，可广泛种植于热带、亚热带及温带地区的公园、风景区及社区庭院，园林景观效果甚好。

1	2
3	

1. 叶片
2. 果序
3. 在公园绿地中

布迪椰子
Butia capitata
棕榈科布迪棕属

形态特征　单干型。株高7～8m。 茎干灰色，粗壮，平滑，但有老叶痕。典型的羽状叶，长约2m，叶柄明显弯曲下垂，叶柄具刺，叶片蓝绿色。 花序源自下层的叶腋，逐渐往上层叶腋生长。果实椭圆形，黄至红色，肉甜。种子椭圆，一端是三个芽孔。

分布习性　主要分布于阿根廷、乌拉圭、巴西等国。我国南方各地有引种栽培。喜阳光，抗冻性强。

繁殖栽培　可用种子繁殖，对土壤要求不严，但在土质疏松肥沃的壤土中生长最好。生长期浇水宁干勿湿，盆土保持湿润即可，浇水过多，易引起植株下部叶腐烂发病，导致黑斑病发生蔓延，造成叶片枯黄甚至死亡。

园林用途　其形态优美，可广泛种植于热带、亚热带及温带地区的公共绿地；也是一种受人喜爱的盆栽树种。

	2
1	3

1. 叶片
2. 散植在草地
3. 布迪椰子

园林乔木

灌木丛

布迪椰子
（丛植）

草坪

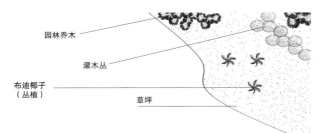

菜王棕
Roystonea oleracea
棕榈科王棕属

形态特征 乔木状，高25～40m，甚至更高，茎直立，基部膨大，向上呈圆柱形。叶长3～4m，上举或平展，约有羽片100片或更多，羽片在叶轴近基部和顶部成1个平面，而在成龄植株叶的中部常成2个平面，线状披针形，长渐尖，先端具不整齐2裂。花序长90cm或更长，多分枝，小穗轴呈波状弯曲，半露出佛焰苞（佛焰苞在整个结果期仍保留着）；果实长圆状椭圆形，一侧凸起，成熟时淡紫黑色。花果期不明。

分布习性 分布于中美洲；我国华南、东南及西南各地引种已久，半归化。喜温暖、潮湿、光照充足的环境，土壤要求排水良好、土质肥沃、土层深厚；具较强的抗旱力。

繁殖栽培 以播种繁殖育苗。

园林用途 姿态优美，树干挺直，高大雄伟，是最著名的热带风景树之一。可列植作为行道树，也可孤植作为公园等的主景植物，还常以三五株不规则种植于草坪之上或庭院一角，再配以低矮的灌木与石头，高低错落有致，充满热带风光。

1	
	2

1. 树干挺直，姿态优美
2. 叶片

垂 裂 棕
Borassodendron machadonis
棕榈科垂裂棕属

形态特征 乔木状，茎单生，株高20m，成株茎干光滑，具叶环痕；直径3cm。掌状叶全裂，叶柄长4m。果实球形，蓝绿色，具黑刺。

分布习性 分布于泰国、马来西亚；我国华南及云南等地有栽培。

繁殖栽培 采用种子繁殖育苗。

园林用途 株形优美，适合丛植、群植于社区庭院、公园、风景区开阔的草坪上，也可列植作行道树，园林景观效果甚佳。

1
2

1. 叶片
2. 孤植于草地

刺孔雀椰子
Aiphanes caryotaefolia
棕榈科刺孔雀椰属

形态特征　乔木状，茎干丛生。羽状复叶，顶生丛出，较密集，小叶狭条形，近基部小叶成针刺状。

分布习性　分布于印度、不丹等国；我国南方地区有栽培。

繁殖栽培　以播种繁殖育苗。

园林用途　植株形态洒脱优美。适合丛植或散植于公园、风景区、社区庭园造景，其景观效果良好。

1
2

1. 叶轴上密布针刺
2. 孤植于草地

39

大 崖 棕
Trachycarpus excelsus
棕榈科棕榈属

形态特征 乔木状，高3～10m，树干圆柱形，被不易脱落的老叶柄基部和密集的网状纤维，除非人工剥除，否则不能自行脱落。叶片呈3/4圆形或者近圆形，裂片先端具短2裂或2齿，硬挺甚至顶端下垂。花序从叶腋抽出，多次分枝，雌雄异株。

分布习性 分布于法国；我国广东、广西和云南等地有栽培。喜温暖湿润气候，喜光。

繁殖栽培 主要以种子繁殖育苗。

园林用途 姿形优美，秀丽婆娑，适合植于社区庭园、公园、风景区等公共绿地，具良好的园林景观效果。

大果红心椰
Chambeyronia macrocarpa
棕榈科红心椰属

形态特征 乔木状，茎单生，粗壮，株高15m。成熟叶明显向下弯曲，长4m，羽状全裂，羽片40～50片，披针形，整齐排列于叶轴上；刚抽出的新叶为红色至淡橙红色，卷曲。果实卵形，红色。

分布习性 分布于新喀里多尼亚；我国华南、东南及云南等地有栽培。性喜阳光，不耐寒。

繁殖栽培 采用种子繁殖育苗。

园林用途 株形优美，适合丛植或群植于公园、风景区开阔的草坪上，园林景观效果甚佳。

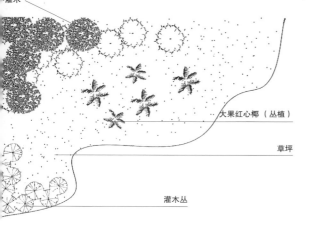

灌木

大果红心椰（丛植）

草坪

灌木丛

1	2
3	

1. 刚抽出的新叶呈红色
2. 果序
3. 在路旁点缀

大果直叶椰
Attalea butyracea
棕榈科帝王椰属

　　形态特征　乔木状，单干型，株高20m左右，叶基宿存。羽状叶，其羽片数可达35，叶于基部弯曲，旋转，且羽片与叶轴垂直，规则地排列于叶轴上而呈平面。果实长卵球形或长椭球形，橙色至褐色。

　　分布习性　分布于委内瑞拉、墨西哥等美洲国家；我国华南地区有引种栽培。性喜阳光，耐寒性强。

　　繁殖栽培　采用种子及分株繁殖育苗。

　　园林用途　叶片美观，适合孤植、散植于社区庭院、公园、风景区绿地，园林景观效果好。

1
2

1. 叶片像梳子一般
2. 列植于园路旁

大 蒲 葵
Livistona saribus
棕榈科蒲葵属

形态特征　乔木状，高25m，干径达30cm。叶掌状深裂至中部，裂片线状披针形，顶部长渐尖；叶柄长。

分布习性　分布于东南亚热带地区；我国华南地区有栽培。

繁殖栽培　采用播种繁殖育苗。

园林用途　茎干直立，高耸入云，适合于列植作行道树；也可丛植或散植于公园、风景区、社区庭园造景，其景观效果良好。

1
2

1. 果序
2. 茎干直立，高耸入云

大 丝 葵
Washingtonia robusta
棕榈科丝葵属

形态特征　乔木状，高18～27m，树冠下被覆下垂的枯叶。掌状叶深裂，裂片60～80片，线状披针形，边缘具稀疏且下垂的丝状纤维；叶柄两侧具棕红色或黄色刺齿。果实卵圆形。

分布习性　分布于美国西南部及墨西哥；我国福建、台湾、广东及云南有引种栽培。性喜温暖、湿润、向阳的环境。

繁殖栽培　采用播种繁殖育苗。

园林用途　优良的风景树，干枯的叶子下垂覆盖于茎干似裙子，宜于栽植庭园观赏，也可作行道树。

1
2

1. 叶片
2. 群植在草地上

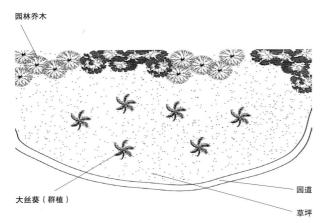

园林乔木

大丝葵（群植）

园道

草坪

大叶箬棕
Sabal blackburnianum
棕榈科箬棕属

形态特征 乔木状，单干直立，高可达18m，淡白色，茎干常有残存叶鞘纤维。叶片宽大呈近圆形，掌状半裂，裂片呈线状披针形，裂口少有丝状纤维，中肋粗，叶两面灰绿色。果实扁球形，成熟后呈深褐色。

分布习性 分布于中美洲、海地及多米尼加等国家和地区；我国广东、广西、福建、台湾等地均有栽培。

繁殖栽培 以种子繁殖育苗。

园林用途 形态优美，且耐寒抗风，可适合长江以南地区作行道树或庭院观赏栽培。但生长缓慢，成株后则雄伟壮观。

1	2
3	
4	

1. 叶片
2. 花序
3. 在草地上的景观
4. 列植路旁

东非分枝榈
Hyphaene thebaica
棕榈科叉干棕属

形态特征 乔木状，茎单生或丛生，粗壮，茎干高20m，具大量的二叉分枝，掌状叶。

分布习性 分布于埃及至坦桑尼亚；我国华南及云南等地有栽培。

繁殖栽培 采用种子繁殖育苗。

园林用途 株形优美，适合散植、群植于公园、风景区开阔的草坪上，园林景观效果尤佳。

1
2
3

1. 优美的叶片
2. 点缀于绿地
3. 列植小路旁

东京蒲葵
Livistona tonkinensis
棕榈科蒲葵属

形态特征 乔木状，茎单生，粗壮，高10～15m，被叶柄（鞘）残基和纤维所包裹，下部有不明显的环状叶柄（鞘）痕。叶近圆形，掌状浅裂，裂片80～90片，叶柄长，两侧具粗刺。花序分枝多，结实后下垂。果实椭圆形。

分布习性 分布于越南；我国华南地区及云南西双版纳有栽培。

繁殖栽培 采用播种繁殖育苗。

园林用途 茎干直立，适合于列植作行道树；也可丛植或散植于公园、风景区、社区庭园造景，其景观效果良好。

高大挺拔的树姿

董 棕
Caryota urens
棕榈科鱼尾葵属

形态特征 乔木状，高5～25m，茎黑褐色，膨大或不膨大成花瓶状，具明显的环状叶痕。叶呈弓状下弯；羽片宽楔形或狭的斜楔形，幼叶近革质，老叶厚革质，最下部的羽片紧贴于分枝叶轴的基部，边缘具规则的齿缺，基部以上的羽片渐成狭楔形，外缘笔直，内缘斜伸或弧曲成不规则的齿缺，且延伸成尾状渐尖，最顶端的1羽片为宽楔形，先端2～3裂。佛焰苞；花序具多数、密集的穗状分枝花序。果实球形至扁球形，成熟时红色。种子近球形或半球形。花期6～10月，果期5～10月。

分布习性 分布于我国广西、云南等地；印度、斯里兰卡、缅甸至中南半岛亦有分布。性喜高温环境，对冬季的温度要求很严，当低于10℃时生长缓慢，开始进入半休眠或休眠状态。

繁殖栽培 以播种繁殖育苗。

园林用途 植株单干笔直，十分高大，树形美观，叶片排列十分整齐，适合孤植于公园、绿地中，显得伟岸霸气。

同属植物 斑马董棕 *Caryota zebrina*。

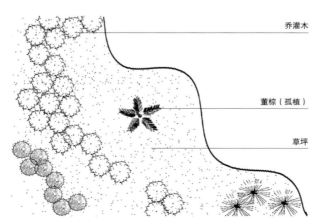

乔灌木

董棕（孤植）

草坪

| 1 | | 3 | 4 |
| 2 | | 5 | |

1. 美丽的枝叶
2. 斑马董棕树干真像斑马的花纹
3. 羽状叶似孔雀羽毛
4. 果序
5. 树形奇特美观

封开蒲葵
Livistona fengkaiensis
棕榈科蒲葵属

形态特征 乔木状，茎单生，高5～20m，被叶柄（鞘）残基和纤维所包裹，下部有不明显的环状叶柄（鞘）痕。掌状深裂，裂片长线状，顶部长渐尖；叶柄粗壮，两侧密生黑褐色弯锐刺。花序分枝多；果实椭圆形。

分布习性 分布于我国广东封开、海南、福建西南部及云南南部。

繁殖栽培 采用播种繁殖育苗。

园林用途 茎干直立，适合于道路绿化；丛植或散植于公园、风景区、社区庭园造景，其景观效果良好。

1
2

1. 叶丛
2. 丛植草地

根刺棕
Cryosophila warscewiczii
棕榈科根刺棕属

形态特征 乔木状，株高12m，茎单生，干径15cm。掌状叶深裂，裂片约60片，柄长可达1.8m。花序长约60cm；果实梨形。茎基部形成根刺。

分布习性 分布于巴拿马、哥斯达黎加及尼加拉瓜；我国华南及云南等地有栽培。

繁殖栽培 采用种子繁殖育苗。

园林用途 株形优美，适合丛植、群植于公园、风景区开阔的草坪上，园林景观效果甚佳。

同属植物 中美洲根刺棕 *Cryosophila guagara*，分布于巴拿马及墨西哥南部。

1	2	
3		4

1. 中美洲根刺棕果序
2. 根刺棕果序
3. 中美洲根刺棕
4. 根刺棕丛植于草坪上

根柱凤尾椰
Verschaffeltia splendida
棕榈科根柱凤尾椰属

形态特征 乔木状，株高25m，茎单生，干径30cm。具有成锥形的支持根系。羽状叶。花序生叶间，分枝，雌雄同序。

分布习性 分布于塞舌尔群岛；我国华南及云南等地有栽培。

繁殖栽培 采用种子繁殖育苗。

园林用途 株形优美，适合丛植、群植于公园、风景区开阔的草坪上，园林景观效果甚佳。

1	1. 株形优美
2	2. 群植于水体旁

根柱凤尾椰
（群植）

湿生乔灌木丛

草坪

水体

弓葵

Butia eriospatha

棕榈科布迪棕属

形态特征 乔木状，单干型，株高7～8m。茎干灰色，粗壮，平滑，但有老叶痕。叶片为最典型的羽状叶，叶柄明显弯曲下垂，叶柄具刺，叶片蓝绿色。花序生自下层叶腋，逐渐往上层叶腋生长。果实椭圆形，黄至红色，肉甜。

分布习性 分布于巴西、乌拉圭等地；我国华南及东南地区引种。性喜阳光，对土壤要求不严，耐旱、耐热、耐寒。

繁殖栽培 采用种子繁殖育苗。

园林用途 单干笔直，形态优美，是理想的行道树及庭园树。

同属植物 南美弓葵 *Butia yaty*，分布于阿根廷、巴西、乌拉圭，我国华南地区及云南西双版纳有栽培。

	1	
2		3

1. 弓形的叶序具有特点
2. 羽状叶
3. 南美弓葵

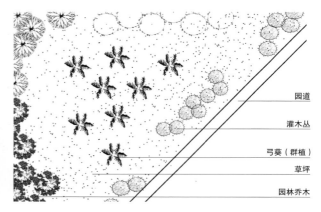

园道

灌木丛

弓葵（群植）

草坪

园林乔木

拱叶椰

Actinorhytis calapparia

棕榈科拱叶椰属

形态特征 乔木状，单干型。株高12m以上，干径约25cm。羽状叶呈拱形。种子卵形，长约8cm。

分布习性 主要分布于新几内亚岛及所罗门群岛。我国南方各地有引种栽培。

繁殖栽培 可用种子繁殖。

园林用途 其形态优美，可广泛种植于热带、亚热带及温带地区的公园、风景区及社区庭院，园林景观效果甚好。

1	2

1. 羽状叶呈拱形
2. 姿态优美，孤植草坪上

光亮蒲葵
Livistona nitida
棕榈科蒲葵属

形态特征　乔木状，高15m以上，粗壮。掌状叶深裂，裂片长线状。花序分枝多，结实后下垂。果实椭圆形或卵圆形。

分布习性　分布于澳大利亚昆士兰州中部；我国华南地区及云南西双版纳有栽培。

繁殖栽培　采用播种繁殖育苗。

园林用途　茎干直立，适合于列植作行道树；也可丛植或散植于公园、风景区、社区庭园造景，其景观效果良好。

1
2

1. 叶片
2. 群植于草地旁

桃 椰
Arenga westerhoutii
棕榈科桃椰属

形态特征 乔木状，茎较粗壮，高5～10m，有疏离的环状叶痕。叶簇生于茎顶，长5～6m或更长，羽状全裂，羽片呈2列排列，线形或线状披针形，长80～150cm，基部两侧常有不均等的耳垂，顶端呈不整齐的啮蚀状齿或2裂，上面绿色，背面苍白色。花序腋生，从上部往下部抽生几个花序，当最下部花序的果实成熟时，植株即死亡。果实近球形；种子3颗，黑色，卵状三棱形。花期6月，果实约在开花后2～3年成熟。

分布习性 分布于我国海南、广西、云南西部至东南部；亚洲南部及印度亦分布。性喜阳，不耐寒。

繁殖栽培 采用种子繁殖育苗。

园林用途 适作园林风景树，丛植或作独立树，或与景石配植。

同属植物 砂糖椰子 *Arenga pinnata*。

1	3	5	
2	4	6	7

1. 结满果实的桃椰
2. 砂糖椰子高耸的树冠
3、4、5. 果序
6. 砂糖椰子果序
7. 桃椰巨大的叶丛

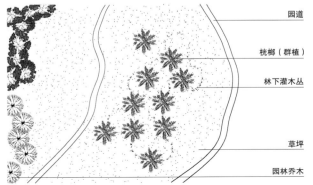

园道

桃椰（群植）

林下灌木丛

草坪

园林乔木

国王椰子

Ravenea rivularis

棕榈科国王椰子属

形态特征 乔木状，单茎通直，高9～12m，最高可达25m，干径可达80cm，表面光滑，密布叶鞘脱落后留下的轮纹。羽状复叶似羽毛，羽叶密而伸展，飘逸而轻盈。

分布习性 分布于马达加斯加东部；我国华南各地有引种栽培。性喜光照充足、水分充足的生长环境，耐阴，稍耐寒。

繁殖栽培 采用播种繁殖育苗。

园林用途 树形优美，茎部光洁，叶片翠绿，排列整齐，可作庭园配置、行道树等，亦可盆栽观赏。

1
2
3

1. 群植于水中
2. 整洁的叶片
3. 可爱的树姿

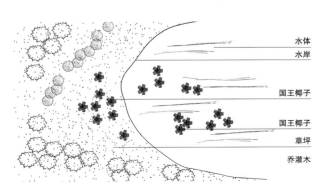

水体
水岸
国王椰子
国王椰子
草坪
乔灌木

棍棒椰子
Hyophorbe verschaffeltii
棕榈科棍棒椰子属

形态特征 乔木状，茎干直立，高6～9m，常光滑。羽状复叶，<u>丛生干顶</u>，小叶剑形，先端渐尖。叶柄圆柱形，上面有沟，小叶基部上方有黄色隆肿；叶鞘包成圆柱形，基部突然膨大。肉穗花序的小梗上着生小花，约7朵呈螺旋状排列。浆果黑紫色。花期3～5月；果期3～6月。

分布习性 分布于马斯加里尼岛；我国云南、广东等地普遍栽培。性喜阳光充足及温暖的环境，耐热、耐旱、耐酸、耐碱、耐瘠，不耐寒，抗风、抗污染；生育适温20～28℃。栽培土质以沙质壤土最佳，排水需良好。

繁殖栽培 主要以种子繁殖育苗。

园林用途 以群植或散植于公园、风景区、社区庭院的草地上，园林景观效果颇佳。

1	
2	3

1. 群植成林
2. 干形奇特
3. 叶片

海枣

Phoenix dactylifera

棕榈科 刺葵属

形态特征 乔木状，高10～15m。叶簇生于干顶，长可达5m，羽状复叶，叶互生，在叶轴两侧呈V字形上翘，叶绿或灰绿色，裂片条状披针形，端渐尖，缘有极细微之波状齿；基部裂片退化成坚硬锐刺。花单性，雌雄异株；肉穗花序从叶间抽出，多分枝。果长圆形，浅橙黄色，其形似枣。5～7月开花；果期8～9月。

分布习性 分布于非洲北部和亚洲西部，广植于热带、亚热带地区；我国福建、广东、广西、云南等地有引种栽培。喜光，耐半阴。性喜高温多湿，耐酷热，也能耐寒。

繁殖栽培 采用播种繁殖育苗。

园林用途 姿形粗犷健美，可单植、列植、群植于庭园、校园、公园、游乐区、廊宇等，均有很好的观赏效果。

同属植物 粗壮海枣 *Phoenix robusta* f.，分布于印度；岩海枣 *Phoenix rupicola*，分布于印度和不丹。

	2	5	6
	3		
1	4	7	

1. 粗壮海枣叶片
2. 海枣在绿地中的景观
3. 海枣与其他植物配植
4. 叶丛
5. 粗壮海枣在草地上的景观
6. 岩海枣叶片潇洒
7. 岩海枣在草地上散植

黑狐尾椰
Normanbya normanbyi
棕榈科黑椰属

形态特征 乔木状，茎单生，株高18m，基部稍膨大。叶长1.5～3m，羽状全裂，羽片长50～60cm，在叶中轴上排成两列，或成簇排列。先端啮蚀状，叶面墨绿色，叶背淡白色。果实梨形，成熟时红或红褐色。

分布习性 分布于澳大利亚昆士兰；我国华南、东南及云南等地有栽培。性喜阴湿。

繁殖栽培 采用种子繁殖育苗。

园林用途 株形优美，冠幅阔展，适合丛植、群植于公园、风景区开阔的草坪上，园林景观效果甚佳。

1
2

1. 叶片
2. 散植在草地上

红领椰
Neodypsis leptochilos
棕榈科三角椰子属

形态特征 乔木状，茎单干型，株高5～8m。冠颈鲜红色。叶羽状全裂，羽片80～90对，规整排列在叶中轴上；叶鞘上遍布红色鳞秕。果实卵圆形或球形，直径1～1.5cm，成熟时黄褐色。

分布习性 分布于马达加斯加岛；我国华南地区有引种栽培。性喜阳光，耐寒性较强。

繁殖栽培 采用种子繁殖育苗。

园林用途 株形美观，适合列植、散植于社区庭院、公园、风景区绿地，园林景观效果良好。

1	2
3	

1. 叶片
2. 鲜红色的冠颈
3. 在草地上群植的景观

红脉棕
Latania lontaroides
棕榈科拉坦棕属

形态特征 乔木状，茎单干型，株高16m。掌状叶分裂为1/3或1/2，掌状叶直径1.5m，淡灰绿色；叶柄长1.8m。幼苗期叶及叶柄呈红色，裂片边缘具大量锐齿；幼株时叶仍保留红色，但裂片边缘齿很少或不存在；成株后叶的红色很淡或消褪，而叶呈灰绿色。果实直径约4cm。

分布习性 分布于马达加斯加岛、法属留尼汪岛等地；我国华南地区有引种栽培。性喜阳光，耐寒性较强。

繁殖栽培 采用种子繁殖育苗。

园林用途 株形美观，适合丛植、散植于社区庭院、公园、风景区绿地，园林景观效果良好。

1
2
3

1. 叶片
2. 点缀路旁
3. 散植于绿地中

红蒲葵
Livistona mariae
棕榈科蒲葵属

形态特征 乔木状，茎单生，高16～25m。掌状叶深裂，裂片窄长，长80～90cm；叶柄黑褐色，有光泽，表面有斑点状突起。果实球形。

分布习性 分布于澳大利亚中部；我国华南地区及云南西双版纳有栽培。

繁殖栽培 采用播种繁殖育苗。

园林用途 茎干直立，适合于列植作行道树；也可丛植或散植于公园、风景区、社区庭园造景，其景观效果良好。

1	
2	3

1. 散植于草地中
2. 高大挺拔的树姿
3. 叶片

红鞘三角椰
Neodypsis lastelliana
棕榈科三角椰子属

形态特征 乔木状，茎单生，高10m，干径25cm。叶羽状，羽片数多达103，排列成一平面，稍下垂，线形，绿色；主脉3；叶鞘覆被锈褐色茸毛，具高3.5cm的耳；叶柄长17cm，密被茸毛，后变无毛。花序生于叶间，果序在叶下，三回分枝，长1.7m。果球形，深褐色；种子球形，胚乳嚼烂状。

分布习性 分布于马达加斯加及美国加利福尼亚南部；我国云南、福建等地区有引种栽培。性喜温暖、湿润环境，耐寒、耐旱。

繁殖栽培 以种子繁殖育苗。

园林用途 株形优美，冠颈醒目，适应性广，可孤植于草坪或庭园之中，观赏效果佳。

1	
2	3
4	

1. 群植于草地的景观
2. 叶片
3. 果序
4. 列植于水边

狐尾棕
Wodyetia bifurcata
棕榈科狐尾椰子属

形态特征 乔木状，高大通直，茎干单生，茎部光滑，有叶痕，略似酒瓶状，高12～15m。叶色亮绿，簇生茎顶，羽状全裂；小叶披针形，轮生于叶轴上，形似狐尾而得名。穗状花序；果实成熟时橙红色。

分布习性 分布于澳大利亚昆士兰州；我国华南地区有引种栽培。性喜温暖湿润、光照充足的生长环境，耐寒，耐旱，抗风。

繁殖栽培 采用种子繁殖育苗。

园林用途 植株高大挺拔，形态优美，树冠如伞，浓荫遍地，适应性广，可列植于池旁、路边、楼前（后），也可数株群植于庭园之中或草坪一隅，观赏效果极佳。

1	2
3	
4	

1. 树冠如伞，浓荫遍地
2. 果序
3. 装饰广场建筑
4. 列植路旁形成林荫道的景观

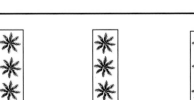

建筑

狐尾棕

种植花坛

环羽椰
Dictyosperma album
棕榈科环羽椰属

形态特征 乔木状，茎单生，株高15m，茎常膨大，有时叶基宿存。羽状叶，羽片30片，整齐排列于叶轴上，叶面灰绿色，叶背银白色。花序长1.5m；果序长1.5m。

分布习性 分布于马达加斯加；我国华南及云南等地有栽培。

繁殖栽培 采用种子繁殖育苗。

园林用途 株形优美，适合丛植、群植于社区庭院、公园、风景区开阔的草坪上，园林景观效果甚佳。

同属植物 红公圣棕 *Dictyosperma album* var. *album* 'Red form'，分布于印度洋马斯克林群岛，濒危植物，抗风力强；金棕 *Dictyosperma album* var.*aureum*，系其栽培种，分布于毛里求斯，我国华南及云南等地均有栽培。

1	3	4
2	5	

1. 叶片
2. 金棕散植路旁
3. 果序
4. 金棕叶片
5. 环羽椰丛植草地

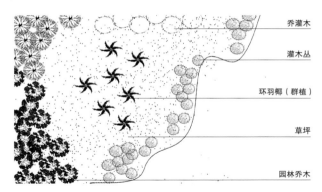

乔灌木

灌木丛

环羽椰（群植）

草坪

园林乔木

黄 脉 棕
Latania verschaffeltii
棕榈科拉坦棕属

形态特征 乔木状，茎单干型，株高16m。掌状叶分裂为1/3或1/2，掌状叶直径1.5m。幼苗叶及叶柄具（橙）黄色；成株后叶的（橙）黄色消褪，呈（灰）绿色。果实长5cm。

分布习性 分布于马斯克林群岛；我国华南地区有引种栽培。性喜阳光，耐寒性较强。

繁殖栽培 采用种子繁殖育苗。

园林用途 株形美观，适合丛植、散植于社区庭院、公园、风景区绿地，园林景观效果良好。

1	
2	3
4	

1. 散植在草地上
2. 叶片
3. 果序
4. 在绿地中形成美丽的景观

灰绿箬棕
Sabal mauritiiforme
棕榈科箬棕属

形态特征　乔木状，茎单生，株高27m。叶扇形至近圆形，掌状半裂至深裂，裂片多数，长1.5～2m，常23片合成一组，先端2深裂，下垂，裂口有丝状纤维，中肋向后弯，叶背苍白色。果实梨形，褐色。

分布习性　分布于中美洲及南美洲北部；我国华南及云南等地有栽培。

繁殖栽培　采用种子繁殖育苗。

园林用途　株形优美，适合丛植、群植于社区庭院、公园、风景区开阔的草坪上，园林景观效果甚佳。

1
2

1. 叶片

2. 散植在风景区开阔的草地上

假槟榔
Archontophoenix alexandrae
棕榈科假槟榔属

形态特征 乔木状，高10～25m，茎圆柱状，基部略膨大。叶羽状全裂，生于茎顶，长2～3m，羽片呈2列排列，线状披针形，长达45cm，先端渐尖，全缘或有缺刻，叶面绿色，中脉明显；叶轴和叶柄厚而宽，无毛或稍被鳞秕；叶鞘绿色，膨大而包茎，形成明显的冠颈。花序生于叶鞘下，呈圆锥花序式，下垂，多分枝，花序轴略具棱和弯曲，具2个鞘状佛焰苞；花雌雄同株，白色；果实卵球形，红色；种子卵球形。花期4月，果期4～7月。

分布习性 分布于澳大利亚东部；我国福建、台湾、广东、海南、广西、云南等热带、亚热带地区有栽培。性喜温暖、湿润和阳光充足的环境。

繁殖栽培 主要以播种繁殖育苗。种子采收后洗净果肉；种时忌脱水，不宜暴晒。宜随采随播或置于沙中贮藏。在35℃温水中浸泡2天后播种，播后保持20～25℃，10～15天发芽出土。通常12～15年生开始结实，7～8月份开花，10～11月份果实成熟。

园林用途 茎干通直，姿形优美。适合作行道树，以及建筑物旁、水滨、庭院、草坪四周等处种植；单株、小丛或成行种植均宜，但树龄过大时移植不易恢复。大树叶片可剪下作花篮围圈，幼龄期叶片，可剪作切花配叶。3～5年生的幼株，可大盆栽植，供展厅、会议室、主会场等处陈列。

同属中种及栽培种 阔叶假槟榔 *Archontophoenix cunninghamianus* 和昆奈椰子 *Archontophoenix cuneatum*（*Ptychosperma cuneatum*），分布于太平洋伊里安岛。

1	3	4	5
2	6		7

1. 形成林地景观
2. 假槟榔作行道树
3. 花序
4. 昆奈椰子果序
5. 叶片
6. 阔叶假槟榔丛植路旁
7. 昆奈椰子

加那利海枣
Phoenix canariensis
棕榈科刺葵属

形态特征 乔木状，株高10～15m，茎干粗壮，具波状叶痕。羽状复叶，顶生丛出，较密集，长可达6m，每叶有100多对小叶（复叶），小叶狭条形，近基部小叶成针刺状，基部由黄褐色网状纤维包裹。穗状花序腋生，长可至1m以上；花小，黄褐色；浆果，卵状球形至长椭圆形，熟时黄色至淡红色。

分布习性 分布于非洲加那利群岛；我国早在19世纪就有零星引种，近些年在南方地区广泛栽培。性喜温暖湿润的环境，喜光又耐阴，抗寒、抗旱。

繁殖栽培 以播种繁殖育苗，但发芽时间较长，出苗也不整齐。因此，播前除进行消毒处理外，还需进行催芽处理，且以沙藏层积法催芽效果较好，待种子破芽后再挑出盆播或袋播，每盆（袋）1株，盖土育苗。

园林用途 植株形态洒脱优美，高大雄伟。可孤植作景观树，或列植为行道树，也可三五株群植造景，乃街道绿化与庭园造景的常用树种，深受人们喜爱。幼株可盆栽或桶栽观赏，用于布置节日花坛，效果极佳。

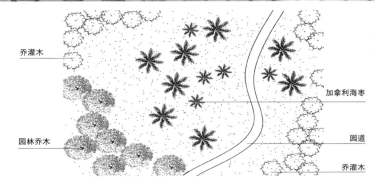

乔灌木

园林乔木

加拿利海枣

园道

乔灌木

1
2

1. 在路旁列植
2. 丛植于草地

杰钦氏蒲葵
Livistona jenkinsiana
棕榈科蒲葵属

形态特征 乔木状，高15m以上。掌状叶深裂，裂片长线状，顶端尖。花序分枝多，结实后下垂。果实椭圆形或卵圆形。

分布习性 分布于印度；我国华南地区及云南西双版纳有栽培。

繁殖栽培 采用播种繁殖育苗。

园林用途 茎干直立，适合于列植作行道树；也可丛植或散植于公园、风景区、社区庭园造景，其景观效果良好。

1
2

1. 叶片
2. 丛植于林缘

金 山 葵
Syagrus romanzoffiana
棕榈科金山葵属

形态特征 乔木状，干高10~15m。叶羽状全裂，长4~5m，羽片多，每2~5片靠近成组排列成几列，每组之间稍有间隔，线状披针形，顶端的稍疏离，较短。花序生于叶腋间，长达1m以上，一回分枝，分枝多达80个或更多，呈之字形弯曲，基部至中部着生雌花，顶部着生雄花。果实近球形或倒卵球形。花期2月，果期11月至翌年3月。

分布习性 分布于巴西、乌拉圭、阿根廷等热带和亚热带国家及地区；我国华南及云南等地常见栽培。性喜温暖潮湿、阳光充足的环境，耐阴蔽，不耐寒。

繁殖栽培 采用种子繁殖育苗。

园林用途 植株优美洒脱，通常可作行道树，或单株种植于门前两侧，或不规则种植于水滨、草坪外围，与凤凰树等花木类配置种植，可添园林景色。幼树大盆栽植，可作展厅、会议室、候车室等处陈列，为优美的观叶盆景。

同属植物 美国金山葵 *Syagrus romanzoffiana*；德森西雅 *Syagrus tessmanii*。

1	2	3
		4

1. 金山葵形成林地景观
2. 美国金山葵
3. 德森西雅叶
4. 德森西雅

酒瓶椰子
Hyophorbe lagenicaulis
棕榈科棍棒椰子属

形态特征 灌木状，单干，树干短，肥似酒瓶，高可达3m以上，茎粗38～60cm。羽状复叶，小叶披针形，40～60对，叶鞘圆筒形。小苗时叶柄及叶面均带淡红褐色。肉穗花序多分枝，油绿色。浆果椭圆，熟时黑褐色。花期8月，果期为翌年3～4月。

分布习性 分布于莫里西斯岛、马斯加里尼岛；我国台湾、广西、海南、广东、福建等地有引种栽培。性喜高温、湿润、阳光充足的环境，怕寒冷，耐盐碱。

繁殖栽培 采用种子繁殖育苗。

园林用途 株形奇特，酷似酒瓶，非常美观，可孤植于草坪或庭院之中，观赏效果极佳；可盆栽用于装饰宾馆的厅堂和大型商场。

1	2
3	
4	

1. 叶片
2. 株形奇特，酷似酒瓶
3. 在风景区群植
4. 散植在草地上如同雕塑

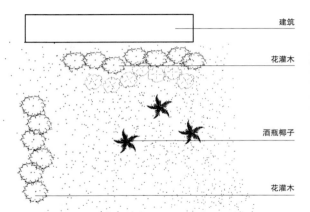

建筑

花灌木

酒瓶椰子

花灌木

飓风椰子
Dictyosperma album
棕榈科金棕属

形态特征 乔木状，茎单生，粗壮，株高10～15m，基部膨大，茎干上有垂直条纹。叶羽状全裂，呈弓形弯曲，刚展开时呈暗红色，叶轴两端羽片近对生，有规则排列，线状披针形，先端极尖，叶脉及叶缘带红色，叶片边缘被藤状物相连，长时间才裂开。佛焰花苞起初藏于叶鞘内，待叶片脱落花苞显现；肉穗状花序；花小，金黄至乳白色，雌雄同株；果实蛋形；种子短椭圆形。

分布习性 分布于毛里求斯、马斯克林群岛；除毛里求斯、留尼汪岛等地外，美国佛罗里达州、日本、泰国、马来西亚也有栽培。我国华南、厦门、西双版纳热带植物园等有少量引种栽培。生长于海拔600m或更高地区。

繁殖栽培 可用播种繁殖育苗。

园林用途 姿形优雅，干直，老叶浓绿，向下弯曲，新叶暗红色，叶片边缘长时期相连形成网状，花色柔和，金黄到乳白，颇具观赏价值。适合于庭园、办公楼前、宾馆门前、广场、游泳池、海滨等，既不会遮挡主景又不会遮挡视线，列植、群植、三五成丛种植均可，在园林上可作主景、配景，也可与高大树种结合或低矮灌木类绿化树种相配构成别致的园林小景，与山、水、石相融也别具韵味。

同属植物 鳞皮飓风椰子 *Dictyosperma furfuraceum*，分布于毛里求斯；我国华南、西双版纳热带植物园等有栽培。

1
2
3

1. 飓风椰子
2. 鳞皮飓风椰子植于园路旁
3. 鳞皮飓风椰子果序

乔木状棕榈植物

巨箬棕
Sabal causiarum
棕榈科箬棕属

形态特征 乔木状，单干直立，高9～15m，灰色。叶呈扇形，掌状深裂，裂片呈线状披针形，裂口有许多丝状纤维，中肋明显，叶两面亮绿色。果实球形，成熟后呈深褐色至黑褐色。

分布习性 分布于海地、波多黎各等地；我国华南地区等均有栽培。

繁殖栽培 以种子繁殖育苗。

园林用途 形态优美，且耐寒抗风，可适合长江以南地区作行道树或庭院观赏栽培；但生长缓慢，成株后则雄伟壮观。

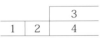

		3
1	2	4

1. 果序
2. 叶片
3. 巨箬棕优美的形态
4. 植于园路旁

卡巴达散尾葵
Chrysalidocarpus cabadae
棕榈科散尾葵属

形态特征 乔木状。茎单生，羽状叶全裂，裂片条状披针形，成簇排列在叶轴上。

分布习性 分布于马达加斯加岛；我国华南地区、福建、台湾、云南等地有栽培。

繁殖栽培 可用播种繁殖育苗。

园林用途 株形秀美，在华南地区多作庭园栽植，也可栽于建筑物阴面，以及公园草地、宅旁。

1
2

1. 散植于草地上
2. 株形秀美

康科罗棕

Schippia concolor

棕榈科单雌棕属

形态特征 乔木状，茎单生。叶掌状深裂，裂片26~28片，披针形，裂片先端下垂。叶鞘分裂，具纤维。成熟时果实白色。

分布习性 分布于洪都拉斯；我国云南南部、华南地区有引种栽培。性喜阳光。

繁殖栽培 采用种子繁殖育苗。

园林用途 株形美观，适合丛植、散植于社区庭园、公园、风景区绿地。

1
2

1. 掌状深裂的叶片
2. 丛植于公园绿地

可可椰子
Lytocaryum weddellianum
棕榈科裂果椰属

形态特征 乔木状，茎单生，株高10m左右，有叶柄（鞘）残基及纤维，脱落后有明显的环状叶柄痕。叶呈一回羽状分裂，羽片40～50对，呈长线状披针形，整齐排列于叶轴上。果实成熟时，会裂成3部分。

分布习性 分布于巴西；我国华南、东南及云南等地有栽培。性喜光。

繁殖栽培 采用种子繁殖育苗。

园林用途 株形优美，适合丛植或群植于公园、风景区开阔的草坪上，园林景观效果甚佳。

1
2

1. 秀气的可可椰子
2. 散植于草地上

肯托皮斯棕
Kentiopsis oliviformis
棕榈科橄榄椰属

形态特征 乔木状，茎单生，株高30m，羽状叶，叶长约3m，羽片约100片，整齐排列于叶轴上。果实橄榄形。

分布习性 分布于新喀里多尼亚；我国华南及云南等地有栽培。

繁殖栽培 采用种子繁殖育苗。

园林用途 株形优美，适合丛植、群植于社区庭园、公园、风景区开阔的草坪上，也可列植作行道树，园林景观效果甚佳。

1	1. 整洁的叶片
2	2. 群植在草地上

阔羽棕
Drymophloeus hentyi
棕榈科阔羽椰属

形态特征　乔木状，茎单生，株高8m；叶为一回羽状分裂，羽片楔形，羽片28～30片，整齐排列于叶轴上，羽片先端啮蚀状。花序长在叶下，雄蕊多数。

分布习性　分布于新几内亚岛、马鲁古群岛；我国华南及云南等地有栽培。

繁殖栽培　采用种子繁殖育苗。

园林用途　株形优美，适合丛植、群植于社区庭园、公园、风景区开阔的草坪上，园林景观效果甚佳。

| 1 | 1. 羽状叶片很有特点 |
| 2 | 2. 散植于草地 |

蓝脉棕
Latania loddigesii
棕榈科拉坦棕属

形态特征 乔木状，茎单干型，株高16m。掌状叶分裂为1/3或1/2，掌状叶直径1.5m，淡灰绿色；叶柄长1.8m。幼苗叶及叶柄具红色，且裂片边缘具稀疏的细齿；幼株时叶的红色被灰蓝色所替代；成株后叶呈（淡）灰蓝色。果实长6cm。

分布习性 分布于印度、马斯克林群岛等地；我国华南地区有引种栽培。性喜阳光，耐寒性较强。

繁殖栽培 采用种子繁殖育苗。

园林用途 株形美观，适合丛植、散植于社区庭园、公园、风景区绿地，园林景观效果良好。

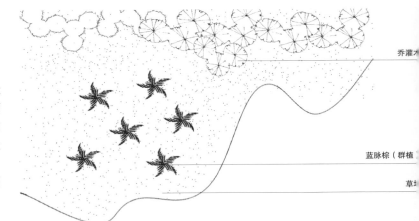

乔灌木

蓝脉棕（群植）

草地

1	2
	3

1. 潇洒的株态
2. 蓝脉棕叶片
3. 丛植于湖边绿地

林刺葵

Phoenix sylvestris

棕榈科刺葵属

形态特征 乔木状，株高10～16m，叶密集成半球形树冠；茎具宿存的叶柄基部。叶长3～5m，完全无毛；叶柄短；叶鞘具纤维；羽片剑形，长15～45cm，顶端尾状渐尖，互生或对生，呈2～4列排列，下部羽片较小，最后变为针刺。佛焰苞近革质，表面被糠秕状褐色鳞秕；果实长圆状椭圆形或卵球形，橙黄色。种子长圆形，苍白褐色。果期9～10月。

分布习性 分布于我国福建、广东、广西、云南等地；印度、缅甸也有分布。

繁殖栽培 以播种和分株法繁殖育苗。

园林用途 植株优美洒脱，通常可作行道树，或不规则种植于水滨、草坪外围，与凤凰树等花木类配置种植，可添园林景色。

1	1. 整齐的羽状叶序
2	2. 丛植于草坪外围

硫球椰子
Satakentia liukiuensis
棕榈科硫球椰属

形态特征 乔木状，茎单干型，株高20m，干径30cm。羽状叶长5m，羽片约180片，长70cm。花序约长1m。

分布习性 分布于南美巴西；我国华南、云南等地有引种栽培。性喜阳光。

繁殖栽培 采用种子繁殖育苗。

园林用途 株形优美，可植于社区庭园、公园绿地，景观效果良好。

1
2

1. 散植于绿地中
2. 椰林景观

马岛窗孔椰
Beccariophoenix madagascariensis
棕榈科马岛窗孔椰属

形态特征 乔木状，单干型，株高达12m。羽状叶数约30，叶长5m以上；羽片约230，羽片长约1.8m。幼株羽片呈不完全分裂而具窗孔状缝隙。花序长1.2m；果实长3.5cm。

分布习性 分布于马达加斯加；我国华南各地有引种栽培。

繁殖栽培 采用种子繁殖育苗。

园林用途 株形丰满洒脱，可散植于社区庭园、公园绿地，具较好的园林景观效果；也可盆栽观赏。

1. 羽状叶
2. 在绿地中的景观

马岛散尾葵
Chrysalidocarpus
madagascariensis 'Single Trunked'
棕榈科散尾葵属

形态特征 乔木状，茎单生，粗壮。羽状叶全裂，裂片条状披针形，成簇排列在叶轴上。

分布习性 分布于马达加斯加岛；我国华南地区、福建、台湾、云南等地有栽培。

繁殖栽培 可用播种繁殖育苗。

园林用途 株形秀美，在华南地区多作庭园栽植，也可栽于建筑物阴面以及公园草地、宅旁。

| 1 | 1. 叶序 |
| 2 | 2. 群植形成美丽的热带景观 |

麻林猪桐
Syagrus sancona
棕榈科金山葵属

形态特征　乔木状，茎直立，高10m多，有明显的环状叶痕。羽状叶全裂，羽片细长，在叶中轴上呈不规则排列，外向折叠。花序生叶腋内，具分枝。

分布习性　分布于北美洲及南美洲；我国华南、云南及台湾等地有栽培。

繁殖栽培　采用种子繁殖育苗。

园林用途　株形优美，可群植、丛植于社区庭院、公园等，观赏效果较好。

1	1. 优美的叶序
2	2. 群植形成优美的景观

棉毛蒲葵
Livistona woodfordii
棕榈科蒲葵属

形态特征 乔木状，高10～15m。叶掌状深裂至中部，裂片线状披针形，顶部长渐尖；叶柄长。果实卵圆形，成熟时黑褐色。

分布习性 分布于新几内亚岛至所罗门群岛；我国华南地区有栽培。

繁殖栽培 采用播种繁殖育苗。

园林用途 茎干直立，适合于列植作行道树；也可丛植或散植于公园、风景区、社区庭园造景，其景观效果良好。

棉毛蒲葵

蒲 葵
Livistona chinensis
棕榈科蒲葵属

形态特征 乔木状，高5～20m，基部常膨大。叶阔肾状扇形，直径达1m余，掌状深裂至中部，裂片线状披针形，基部宽4～4.5cm，顶部长渐尖，2深裂成长达50cm的丝状下垂的小裂片，两面绿色；叶柄长。花序呈圆锥状，粗壮。果实椭圆形（如橄榄状），黑褐色。种子椭圆形。花果期4月。

分布习性 我国特产，原产地秦岭至淮河以南，粤、桂、滇、琼、台；琉球与小笠原岛亦有分布。

繁殖栽培 以播种繁殖育苗。产地多于秋冬播种，偏北地区可春播。经清洗的种子，先用沙藏层积催芽。挑出幼芽刚突破种皮的种子点播于苗床，播后早则1个月可发芽，晚则60天发芽。苗期需充分浇水，避免阳光直射，苗长至5～7片大叶时，便可出圃定植和盆栽。

园林用途 茎干单生直立，扇形叶簇生于茎顶，且叶阔呈掌状中裂，适合于道路绿化；丛植或散植于公园、风景区、社区庭园造景，其景观效果良好。盆栽蒲葵常用于大厅或会客厅陈设。

同属植物 大叶蒲葵 *Livistona saribus*，分布于广东、海南及云南南部；越南亦有分布。裂叶蒲葵 *Livistona decora*，分布于澳大利亚。茂列蒲葵 *Livistona muelleri*，分布于澳大利亚及新几内亚岛。彭生蒲葵 *Livistona benthamii*，分布于新几内亚岛。光亮蒲葵 *Livistona nitida*，分布于澳大利亚昆士兰州中部。越南蒲葵 *Livistona cochinchinensis*，分布于越南。银环圆叶蒲葵 *Livistona rotundifolia* var. *mindorensis*，分布于菲律宾民都洛岛。红蒲葵 *Livistona mariae*，分布于澳大利亚中部。哈里特蒲葵 *Livistona hasseltii*，分布于爪哇；我国华南地区及云南西双版纳有栽培。

1	3	4
2		5

1. 哈里特蒲葵列植路旁
2. 孤植成景
3. 蒲葵叶
4. 哈里特蒲葵叶丛
5. 列植于墙垣，庄重气派

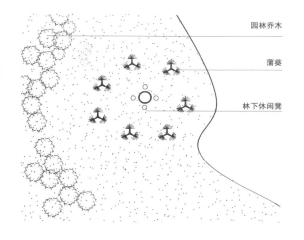

园林乔木

蒲葵

林下休闲凳

墨西哥箬棕
Sabal mexieana
棕榈科箬棕属

形态特征 乔木状，单干直立，高11～20m，茎干覆有老叶柄残基。叶片呈圆扇形，掌状深裂，裂片线状披针形，中肋粗且向后弯。花序与叶等长或稍长；果实球形或扁圆形；种子呈扁球形。

分布习性 分布于墨西哥、危地马拉；我国广东、广西、福建、台湾等地均有栽培。

繁殖栽培 以种子繁殖育苗。

园林用途 形态优美，且耐寒抗风，适合长江以南地区作行道树或庭园观赏栽培；但生长缓慢，成株后则雄伟壮观。

| 1 | 1. 叶片 |
| 2 | 2. 散植在园路旁 |

箬棕
Sabal palmetto
棕榈科箬棕属

形态特征 乔木状，单干直立，高9～27m，茎干覆有老叶基，数年后自上而下逐渐脱落，露出有环纹的棕褐色树干。叶片宽大呈长圆形掌状，长1～2m，随叶轴的背弯，使叶片末端呈明显的弯拱形，裂片约48对，末端二裂，中部以下合生，但有的裂深过半，裂片间的凹处生有丝状物，整个叶片呈波浪形起伏；叶厚革质，且坚韧。每年4～5月间从叶腋处抽生花序，6月开花，雌雄同株。果实草绿色，9～10月成熟后呈棕褐色；种子呈扁球形。

分布习性 分布于美洲和西印度群岛地区，为美国北卡罗来纳州与佛罗里达州的州树；我国广东、广西、福建、台湾等地均有栽培。喜阳光直射，较耐寒，也耐瘠薄。

繁殖栽培 以种子繁殖育苗。

园林用途 形态优美，且耐寒抗风，适合长江以南地区作行道树或庭园观赏栽培；但生长缓慢，成株后则雄伟壮观。

同属植物 灰绿箬棕 *Sabal mauritiiforme*，单干直立，高可达27m，叶扇形至近圆形，掌状半裂至深裂。粉红箬棕*Sabal rosei*，叶近圆形，掌状半裂至深裂；分布于墨西哥。百慕大箬棕 *Sabal bermudana*，叶呈扇形或近圆形，掌状半裂，裂片呈线状披针形，裂口有丝状纤维；分布于百慕大及美国东南部。

1	
2	3
4	

1. 灰绿箬棕
2. 百慕大箬棕散植草地
3. 百慕大箬棕叶
4. 粉红箬棕散植路旁

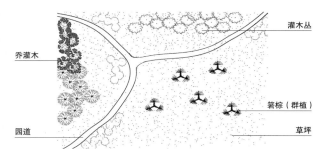

灌木丛

乔灌木

箬棕（群植）

园道

草坪

三角椰子
Neodypsis decaryi
棕榈科三角椰子属

形态特征 乔木状，茎单生，高8～10m。叶长3～5m，上举，上端稍下弯，灰绿色，羽状全裂，羽片60～80对，坚韧，在叶中轴上规整斜展，下部羽片下垂；叶柄基部稍扩展，叶鞘在茎上端呈3列重叠排列，近呈三棱柱状，基部有褐色软毛。果卵圆形，长1.5～2.5cm，熟时黄绿色。

分布习性 分布于马达加斯加；我国华南地区各城镇有引种栽培。性喜高温、光照充足环境。耐寒、耐旱，也较耐阴。生长适温18～28℃，可耐-5℃左右低温。

繁殖栽培 以种子繁殖育苗。

园林用途 株形奇特，适应性广，可作盆栽用于装饰宾馆的厅堂和大型商场，也可孤植于草坪或庭园之中，观赏效果佳。

1	2
3	
4	

1. 叶鞘在茎上端呈三棱柱状排列
2. 树冠如伞
3. 列植似树墙
4. 散植在园路旁

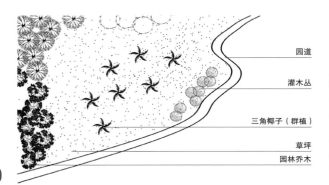

园道
灌木丛
三角椰子（群植）
草坪
园林乔木

圣诞椰子
Veitchia merrillii
棕榈科圣诞椰子属

形态特征 小乔木状，单干直立，高可达7m，茎干通直平滑，环节明显。叶羽状全裂，长2m左右，裂片（小叶）披针形，排列十分有序，翠绿而富有光泽，叶鞘较长，脱落后在茎干上留下密集的轮纹。肉穗花序，多分枝，雌雄同株。果近球形，熟时红褐色。

分布习性 分布于菲律宾群岛；现亚洲许多国家均有栽培。性喜光照充足、高温多湿的生长环境，不耐寒，生长适温为25～30℃，越冬温度不能低于5℃。喜肥沃疏松的沙质土壤。

繁殖栽培 以种子繁殖育苗。春末夏初为播种适期，且宜用花生壳粉碎后掺入少量泥炭土为育苗介质。移植后要保持土壤湿润，春末至初秋生长旺盛期间，需每月追肥1次，且最好使用腐熟的有机肥。入秋后增施1～2次钾肥，提高植株的抗逆性。

园林用途 姿形优美，其黄色变种色彩鲜艳尤为引人注目，是一种不可多得的园林绿化植物，适合庭园种植。我国多数地区只能盆栽室内观赏。

同属植物 威尼椰子 *Veitchia winin*，原产新赫布里底群岛，常绿乔木，高达20m。无柄圣诞椰 *Veitchia sessilifolia*。

1	
2	3

1. 圣诞椰子在公园绿地中
2. 无柄圣诞椰群植绿地，形成椰林景观
3. 无柄圣诞椰叶片

所罗门射杆椰
Ptychosperma salomonense
棕榈科皱籽棕属

形态特征 乔木状，茎单生，株高6～12m。叶长1.5～3.5m，羽状全裂，羽片12～25片，呈长线形，先端截形。果长1.2～1.5cm，成熟时红色。

分布习性 分布于所罗门群岛；我国华南、东南及云南等地有栽培。性喜阳光、高温。

繁殖栽培 采用种子繁殖育苗。

园林用途 株形优美洒脱，适合丛植、群植于社区庭园、公园、风景区开阔的草坪上，园林景观效果甚佳。

同属植物 秀丽射叶椰 *Ptychosperma elegans* 茎单生，株高6～12m，羽状全裂。新几内亚射叶椰 *Ptychosperma sanderianum*，茎丛生，羽状全裂，羽片数较多，且羽片较狭，其先端多少呈叉状，分布于新几内亚岛。穴穗皱果棕 *Ptychosperma schefferi*，花轴在果期呈橙黄色，分布于几内亚。

1	3	4	5
2	6		7

1. 新几内亚射叶椰
2. 散植林地中
3. 叶片
4. 果序
5. 新几内亚射叶椰果序
6. 穴穗皱果棕
7. 秀丽射叶椰

丝 葵

Washingtonia filifera

棕榈科丝葵属

形态特征 乔木状，高18～21m，树干基部通常膨大，向上为圆柱状，顶端稍细，被覆许多下垂的枯叶；去掉枯叶，树干呈灰色，可见明显的纵向裂缝和不太明显的环状叶痕，叶基密集，不规则。叶大型，叶片直径达1.8m，约分裂至中部而成50～80个裂片，每裂片先端又再分裂，在裂片之间及边缘具灰白色的丝状纤维，裂片灰绿色，无毛，中央的裂片较宽，两侧的裂片较狭和较短而更深裂。花序大型，弓状下垂。果实卵球形；种子卵形，两端圆。花期7月。

分布习性 分布于美国西南部及墨西哥；我国福建、台湾、广东及云南有引种栽培。性喜温暖、湿润、向阳的环境。较耐寒，在–5℃的短暂低温下，不会造成冻害。较耐旱和耐瘠薄土壤。

繁殖栽培 采用播种繁殖育苗。

园林用途 优良的风景树，干枯的叶子下垂覆盖于茎干似裙子，宜于栽植庭园观赏，也可作行道树。

1
2

1. 丝葵点缀路旁
2. 被覆许多下垂的枯叶也是丝葵的一道景观

糖 棕
Borassus flabellifer
棕榈科糖棕属

形态特征 乔木状，植株粗壮高大，可高达33m。叶大型，掌状分裂，近圆形，直径达1～1.5m，有裂片60～80片，裂至中部，线状披针形，渐尖，先端2裂；叶柄粗壮，边缘具齿状刺。花单性，异株，多分枝的肉穗状花序，佛焰苞显著。果实多产，数十个围聚于树颈，大小如皮球，金黄光亮。

分布习性 分布于印度、缅甸、柬埔寨等地；我国华南、东南及西南地区有引种栽培。

繁殖栽培 采用播种繁殖育苗。

园林用途 叶片羽状，巨大稠密，常年油绿，犹如天然华盖，遮挡炽热阳光；适合成片栽种于庭园、公园、风景区绿地，给人荫凉。

1	
2	
3	4

1. 孤植绿地也成景
2. 巨大的羽状叶片犹如天然华盖
3. 与置石相配
4. 如扇的叶片

王棕

Roystonea regia

棕榈科王棕属

形态特征　乔木状，高10～20m；茎直立，茎幼时基部膨大，老时近中部不规则地膨大，向上部渐狭。叶羽状全裂，弓形并常下垂，叶轴每侧的羽片多达250片，羽片呈4列排列，线状披针形，渐尖，顶端浅2裂，顶部羽片较短而狭，在中脉的每侧具粗壮的叶脉。花序多分枝，佛焰苞在开花前像1根垒球棒；花小，雌雄同株，雌花长约为雄花之半。果实近球形至倒卵形，暗红色至淡紫色。种子歪卵形。花期3～4月，果期10月。

分布习性　分布于古巴、牙买加、巴拿马等国家；我国华南、东南及西南地区引种已久，半归化。性喜温暖、潮湿、光照充足的环境，土壤要求排水良好、土质肥沃，土层深厚。

繁殖栽培　以播种繁殖育苗。采种适期11月；春、夏为播种适期。栽培土质不拘，只要表土深厚、排水良好处皆能成长，但以富含有机质之沙质壤土为最佳。春暖至夏季为移植适期；移植时尽量多带土团，避免寒害。定植后应立支柱，防止摇动。

园林用途　姿形优美，高耸挺直，常散植于草坪之上或庭园一角，再配以低矮的灌木与石头，则高矮错落有致，充满热带风光；还可将幼龄树盆栽，用于装饰宾馆的门厅、宴会厅和大型会议室，则风采别致，气度非凡。

同属植物　高王椰 *Roystonea elata*。

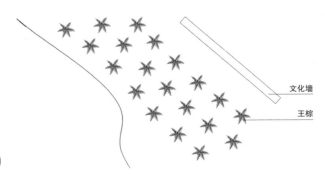

文化墙

王棕

1			5	6
2	3		7	
4				

1. 高耸挺直，景观优美
2. 列植形成壮观的林荫道
3. 成为雕塑的背景
4. 群植于广场上十分壮观
5. 与园林建筑相得益彰
6. 高王椰
7. 湖边的倒影美不胜收

椰 子

Cocos nucifera

棕榈科椰子属

形态特征 乔木状，茎干挺直，高15～30m，树冠整齐。叶羽状全裂，长4～6m，裂片多数，革质，线状披针形，长65～100cm；叶柄粗壮。佛焰花序腋生。坚果倒卵形或近球形，顶端微具三棱，长15～25cm，内果皮骨质，近基部有3个萌发孔，种子1粒。

分布习性 椰子为古老的栽培作物，原产地说法不一，有说产在南美洲，有说在亚洲热带岛屿，但大多数认为起源于马来群岛。现广泛分布于亚洲、非洲、大洋洲及美洲的热带滨海及内陆地区；我国种植椰子已有2000多年的历史。现主要集中分布于海南，此外台湾，广东，云南西双版纳、德宏、保山、河口等地也有少量分布。

繁殖栽培 采用种子繁殖育苗。

园林用途 株形优美洒脱，且气势恢宏，可列植作行道树，也可散植、群植于社区庭院、公园、风景区绿地，均具良好的园林景观效果。

同属植物 黄矮椰子 *Cocos nucifera* 'Golden'，系其栽培种。香水椰子 *Cocos nucifera* 'Perfume'，系其栽培种。

1	4	5	6
2		7	
3			

1. 浓郁的热带风光
2. 椰林景观
3. 散植在路旁
4. 椰子果实
5. 香水椰子
6. 黄矮椰子
7. 列植水边

迤逦棕
Scheelea liebmannii
棕榈科迤逦棕属

形态特征 乔木状，茎单生，粗壮，株高15～25m，上部有宽厚的老叶柄（鞘）残基及纤维，脱落后有明显的环状叶柄痕。叶近直立，羽状全裂，羽片多数，呈长线状披针形，整齐排列于叶轴上。果实卵圆形，有短喙，成熟时黄褐色。

分布习性 分布于墨西哥；我国华南、东南及云南等地有栽培。性喜阳光，不耐寒。

繁殖栽培 采用种子繁殖育苗。

园林用途 株形优美，冠幅阔展，适合植于道路两旁作行道树，也可群植于公园、风景区开阔的草坪上，园林景观效果甚佳。

1
2

1. 果序
2. 巨大的叶片形成独特的景观

银海枣
Phoenix sylvestris
棕榈科刺葵属

形态特征　乔木状，树干粗壮，株高10～16m，茎具宿存的叶柄基部。叶长3～5m，羽状全裂，灰绿色。叶轴无毛，羽片剑形，下部羽片成针刺状。叶柄较短，叶鞘具纤维。叶丛生顶部，羽片密而伸展，大型羽状叶片向四方开张，形态如苏铁。雄花白色，雌花橙黄色，花期4～5月；果实指头大小。

分布习性　分布于印度、缅甸等国家；我国华南及云南地区有栽培。性喜高温湿润环境，喜光照，有较强抗旱力。

繁殖栽培　采用种子繁殖育苗。

园林用途　株形优美，叶色银灰，可孤植作景观树，或列植为行道树，也可三五群植造景；应用于社区庭园、公园造景等，观赏效果极佳。

| 1 |
| 2 |
| 3 |

1. 与雕塑配置成景
2. 列植水体边
3. 散植在园路两侧

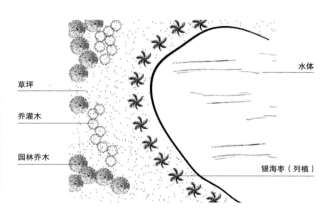

银环圆叶蒲葵
Livistona decipiens
棕榈科蒲葵属

形态特征 乔木状，茎单生，高15～25m，茎上具显著近白色的环状叶痕。掌状叶深裂，裂片长线状。花序分枝多，结实后下垂。果实椭圆形。

分布习性 分布于菲律宾民都洛岛；我国华南地区有栽培。

繁殖栽培 以播种繁殖育苗。

园林用途 株形优美，适合于道路绿化；丛植或散植于公园、风景区、社区庭园造景，其景观效果良好。

```
1
2
```

1. 叶片
2. 挺拔的株形

硬果椰子
Carpoxylon macrospermum
棕榈科木果椰属

形态特征 乔木状，茎单生或丛生；叶为一回羽状分裂，羽片先端啮蚀状。花序穗状。

分布习性 分布于新赫布里底群岛；我国华南地区及西双版纳热带植物园等有少量引种栽培。

繁殖栽培 可用播种繁殖育苗。

园林用途 姿形优雅，干直，老叶浓绿，向下弯曲，适合列植、群植于公园、风景区公共绿地，别具韵味。

1	1. 弧形弯垂的叶片
2	2. 群植于公园绿地中

油 棕
Elaeis guineensis
棕榈科油棕属

形态特征　乔木状，茎直立，株高3～15m，常有明显的叶柄（鞘）残基。叶长4～6m，羽状全裂，羽片多数，呈长线状披针形，基部羽片退化成长针刺，且针刺基部膨大。小核果长4～5cm。

分布习性　分布于非洲热带地区；我国华南地区及云南、福建东南部等地有栽培。性喜高温、多雨及强日照。

繁殖栽培　采用种子繁殖育苗。

园林用途　株形优美，冠幅阔展，适合植于道路两旁作行道树，也可群植于公园、风景区开阔的草坪上，园林景观效果甚佳。

1
2
3

1. 在湖旁的景观
2. 羽片
3. 散植在草地上

越南蒲葵
Livistona cochinchinensis
棕榈科蒲葵属

形态特征　乔木状，高10m以上。掌状叶深裂，裂片长线状。花序分枝多，结实后下垂。果实椭圆形或卵圆形。

分布习性　分布于越南；我国华南地区及云南西双版纳有栽培。

繁殖栽培　采用播种繁殖育苗。

园林用途　茎干直立，适合于列植作行道树；也可丛植或散植于公园、风景区、社区庭园造景，其景观效果良好。

越南蒲葵

鱼 尾 葵
Caryota ochlandra
棕榈科鱼尾葵属

形态特征 乔木状，高10～20m，茎绿色，被白色的毡状茸毛，具环状叶痕。叶长3～4m，幼叶近革质，老叶厚革质；羽片长15～60cm，互生，罕见顶部的近对生，最上部的1羽片大，楔形，侧边的羽片小，菱形，外缘笔直。佛焰苞与花序无糠秕状的鳞秕；果实球形，成熟时红色。花期5～7月，果期8～11月。

分布习性 分布于我国福建、广东、海南、广西、云南等地；亚热带地区也有分布。性喜温暖，不耐寒，不耐盐碱，也不耐干旱。

繁殖栽培 采用播种和分株繁殖育苗。

园林用途 植株挺拔，叶形奇特，姿态潇洒，富有热带情调；适合盆栽布置会堂、大客厅等场合；也可用作行道树及园林布景。

同属植物 短穗鱼尾葵 *Caryota mitis*，丛生，小乔木状，高5～8m，茎绿色，表面被微白色的毡状茸毛。佛焰苞与花序被糠秕状鳞秕，花序短。果球形。花期4～6月，果期8～11月。分布于我国海南、广西等地；越南、缅甸、印度、马来西亚、菲律宾、印度尼西亚亦有分布。

单穗鱼尾葵 *Caryota monostachya*，茎丛生，灌木状。花序不分枝。果球形。分布于我国海南、广西等地；越南、缅甸、印度、马来西亚、菲律宾、印度尼西亚（爪哇）亦有分布。

1		5	6	7
2			8	
3	4			

1. 作雕塑的背景
2. 装饰建筑物
3. 叶似鱼尾
4. 果序
5. 列植草地边
6. 单穗鱼尾葵果序
7. 单穗鱼尾葵
8. 短穗鱼尾葵

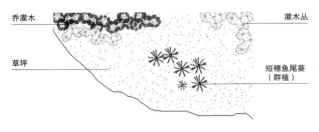

棕 榈
Trachycarpus fortunei
棕榈科棕榈属

形态特征 乔木状，高3～10m或更高，树干圆柱形，被不易脱落的老叶柄基部和密集的网状纤维，除非人工剥除，否则不能自行脱落，裸露树干直径10～15cm，甚至更粗。叶片呈3/4圆形或者近圆形，深裂成30～50片具皱折的线状剑形，裂片先端具短2裂或2齿，硬挺甚至顶端下垂。花序粗壮，多次分枝，从叶腋抽出，通常是雌雄异株。果实阔肾形，有脐，成熟时由黄色变为淡蓝色，有白粉，柱头残留在侧面附近。种子胚乳均匀，角质，胚侧生。花期4月，果期12月。

分布习性 除西藏外，我国秦岭以南地区均有分布。日本也有分布。喜温暖湿润气候，喜光。耐寒性极强，稍耐阴。适生于排水良好、湿润肥沃的中性、石灰性或微酸性土壤，耐轻盐碱，也耐一定的干旱与水湿。抗大气污染能力强。易风倒，生长慢。

繁殖栽培 主要以种子繁殖育苗。原产地可自播繁衍。11月果熟后，连果穗剪下，阴干后脱粒，随采随播，或选高燥处混沙贮藏。春播宜早，播前用60～70℃温水浸一昼夜催芽，行条播。种子发芽较慢，盆土深厚，保水效果好，利于发芽。幼苗生长缓慢，置蔽荫处养护或适当遮光。

园林用途 姿形优美，风格独特、秀丽婆娑，常在建筑庭园的中心、大门口两侧、城市广场等重点区域配植，则充分发挥棕榈的立体层次和构景作用。

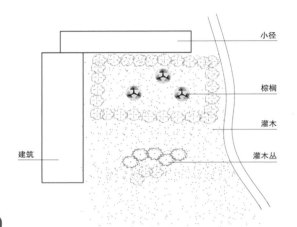

小径

棕榈

灌木

灌木丛

建筑

1	3	4
2	5	

1. 果序
2. 在草地上丛植
3. 奇特的树干
4. 高耸入云
5. 叶片皱折下垂，优美独特

6. 棕榈在居住区绿化景观
7. 在池边种植
8. 用于居民区绿化

阿当山槟榔
Pinanga adangesis
棕榈科山槟榔属

形态特征 茎直立，灌木状，有环状叶痕。叶羽状全裂，上部的羽片合生，或罕为单叶。花序生于叶丛之下，佛焰苞单生；花瓣卵形或披针形；果实卵形、椭圆形或近纺锤形。

分布习性 原产泰国及马来西亚；我国西双版纳有引种栽培。

繁殖栽培 主要有播种和分株移栽繁殖育苗。

园林用途 树形美观，可植于公园、公共绿地；也适合社区庭园种植。

1
2

1. 与民族建筑结合，朴实自然
2. 点缀角隅

矮棕竹
Rhapis humilis
棕榈科棕竹属

形态特征　灌木状，茎丛生，株高1.5～4m。叶扇形，掌状深裂，裂片13～20片，长20～30cm，先端有密的尖齿，边缘有细锯齿。果实球形，成熟时褐色。花期4～6月；果期7～12月。

分布习性　分布于我国广西、贵州南部及云南东部，南方各地均有引种栽培。较耐寒。

繁殖栽培　采用种子及分株繁殖育苗。

园林用途　株形美观，适合丛植、散植于社区庭园、公园、风景区绿地；也可制作盆景观赏。

1
2
3

1. 美化墙垣
2. 丛植水旁
3. 列植园路旁

安尼兰狄棕
Dypsis onilahensis
棕榈科马岛椰属

形态特征 灌木状，茎丛生，高10m。叶羽状，羽片数约100片，排列成一平面，稍下垂，线形。花序生于叶间。

分布习性 分布于马达加斯加；我国云南、福建等地有引种栽培。性喜温暖、湿润环境。

繁殖栽培 以种子繁殖育苗。

园林用途 株形优美，冠茎醒目，适应性广，可孤植于草坪或庭园之中，观赏效果佳。

澳洲羽棕
Arenga australasica
棕榈科桄榔属

形态特征　常绿灌木状。茎上密被黑色的纤维状叶鞘；叶通常为奇数羽状全裂，羽片内向折叠，近线形至不整齐的波状椭圆形，基部楔形。花雌雄同株；花序生于叶腋或脱落的叶腋处。

分布习性　分布于泰国、马来西亚；我国福建、台湾、广东、海南、广西、云南及西藏等地有栽培。

繁殖栽培　主要以播种和分蘖繁殖。

园林用途　株形优美洒脱，可丛植、散植于公园绿地，也可盆栽摆设室内厅堂，景观效果好。

| 1 | 1. 澳洲羽棕 |
| 2 | 2. 散植于公园绿地 |

长叶枣
Phoenix rupicola
棕榈科刺葵属

形态特征 灌木状，茎干丛生。羽状复叶，顶生丛出，较密集，小叶狭条形，近基部小叶成针刺状。

分布习性 分布于印度、不丹等国；我国南方地区有栽培。

繁殖栽培 以播种繁殖育苗。

园林用途 植株形态洒脱优美。可适合丛植或散植于公园、风景区、社区庭园造景，其景观效果良好。

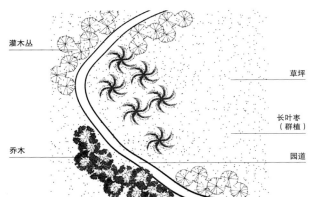

1. 长长的叶
2. 长叶垂地，景观独特

刺 轴 榈
Licuala spinosa
棕榈科轴榈属

形态特征 灌木状，茎丛生型，株高1.5～3m。叶近圆形，掌状深裂几达基部，裂片8～18片，长楔形，先端截形，具钝齿，有2～3条纵向平行脉。

分布习性 分布于泰国、缅甸、马来西亚、越南等国家；我国海南及广东南部、东南地区有栽培。性喜阳光，耐寒性较强。

繁殖栽培 采用种子及分株繁殖育苗。

园林用途 株形美观，适合丛植、散植于社区庭院、公园、风景区绿地，园林景观效果良好。

| 1 | 1. 叶近圆形 |
| 2 | 2. 丛植于风景区绿地 |

东方轴榈
Licuala robinsoniana
棕榈科轴榈属

形态特征　灌木状，茎丛生型，株高1.5～3m。叶近圆形，掌状深裂几达基部，裂片8～17片，长楔形，长25～45cm，先端截形，具钝齿，有2～3条纵向平行脉；叶柄黑色。花序密被脱落性茸毛。果实球形，直径0.8～1cm，成熟时红色。

分布习性　分布于我国海南及中南半岛；华南、东南有栽培。性喜阳光，耐寒性较强。

繁殖栽培　采用种子及分株繁殖育苗。

园林用途　株形美观，适合丛植、散植于社区庭院、公园、风景区绿地，园林景观效果良好。

1

2
---

1. 整齐美观的叶片
2. 丛植于公园绿地

豆 棕
Thrinax excelsa
棕榈科扇葵属

形态特征 茎单生，株高6～9m，干径10～15cm，被撕裂状叶鞘纤维所包裹。掌状叶深裂，裂片约55～70片，线状披针形，叶背有银白色软毛；叶柄长，叶舌明显凸起。花序长约1.5m，多分技；花淡红至紫红色；果实球形。

分布习性 分布于牙买加；我国华南及云南等地有栽培。

繁殖栽培 采用种子繁殖育苗。

园林用途 株形优美，适合丛植、群植于公园、风景区开阔的草坪上，园林景观效果甚佳。

1
2
2

1. 叶片
2. 散植于林地
3. 点缀路旁

多裂棕竹
Rhapis multifida
棕榈科棕竹属

形态特征 灌木状，茎丛生，株高1～1.5（3）m。叶扇形，掌状深裂，裂片25～30片，狭线形，劲直伸展，边缘具小齿。叶柄边缘稍锐利，有淡黄色密茸毛。果实椭圆形。花期3～4月。

分布习性 分布于我国云南南部，华南及东南地区有引种栽培。性喜阳光，耐寒性较强。

繁殖栽培 采用种子及分株繁殖育苗。

园林用途 株形美观，适合丛植、散植于社区庭院、公园、风景区绿地；也可制作盆景观赏。

1
2
3

1. 秀美的叶片
2. 散植林地边
3. 路旁丛植

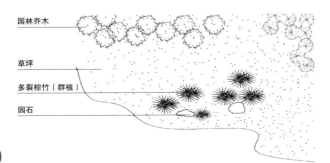

园林乔木

草坪

多裂棕竹（群植）

园石

钝叶桄榔
Arenga obtusifolia
棕榈科桄榔属

形态特征 灌木状，茎丛生，株高3～5m。叶长5～8m，羽状全裂，中部以上稍下弯；裂片多数，顶端有啮蚀状锯齿。果实近球形。

分布习性 分布于马来西亚、泰国及印度尼西亚；我国华南各地有引种栽培。

繁殖栽培 采用种子及分株繁殖育苗。

园林用途 株形美观，适合丛植、散植于社区庭园、公园、风景区绿地，具良好的园林景观效果。

1	1. 叶片
2	2. 点缀路旁

非洲刺葵
Phoenix reclinata
棕榈科刺葵属

形态特征 灌木状，茎丛生，锈褐色，高3（15）m，斜上长，少直立，基生的吸芽环绕茎基，似玫瑰花环，具宿存叶鞘。叶羽状，长2～3m，弧形下弯，末端扭转；羽片长线形，长30cm，排成2列，幼时在中肋背面有灰色鳞秕，叶中轴基部羽片呈尖刺状。花序生于叶间，长1m。果卵球形至椭圆形，或倒卵球形，成熟时橙色或褐色。

分布习性 分布于非洲；我国云南、福建等地引种栽培。性喜阳光，抗冻性强。

繁殖栽培 采用种子或分株繁殖育苗。

园林用途 羽叶亮绿，群丛庞大，适合植于公园、风景区草地，构成秀丽的园林景观。

1	2

1. 扭转下垂的叶片
2. 庞大的群丛构成秀丽的园林景观

富贵椰
Chamaedorea catactatum
棕榈科袖珍椰子属

形态特征 丛生灌木状，茎矮。叶呈羽状分裂，羽片13～16对，整齐排列在叶中轴上；叶面上侧脉明显下凹。果卵球形，成熟时淡红色。花期5月，果期7月至翌年1月。

分布习性 分布于墨西哥等国家；我国华南地区有引种栽培。性喜阳光，特别耐湿。

繁殖栽培 采用种子及分株繁殖育苗。

园林用途 株形美观，花果色美，适合孤植于社区庭院、公园、风景区绿地；也可盆栽观赏。

1	2
3	
4	

1. 叶片
2. 果序
3. 点缀路边
4. 散植在草地上

哥伦比亚埃塔棕
Euterpe precatoria
棕榈科菜椰属

形态特征　灌木状，茎丛生，株高8～10m。叶羽状全裂，呈长线状披针形，羽片35～40对，在叶中轴上排成两列。

分布习性　分布于玻利维亚；我国华南及云南等地有栽培。性喜阳光。

繁殖栽培　采用种子繁殖育苗。

园林用途　株形优美，适合散植、丛植于公园、风景区开阔的草坪上，园林景观效果良好。

| 1 |
| 2 |

1. 群植形成林地景观
2. 丛植在路旁草地上

红杆槟榔
Cyrtostachys renda
棕榈科红椰属

形态特征 灌木状，茎丛生，株高12m，干径6cm。羽状叶长2m，羽片排于叶轴上略直立，叶柄短，叶鞘形成显著的冠颈。叶柄、叶鞘、叶轴为鲜红色。

分布习性 分布于马来西亚、苏门答腊岛；我国华南及云南等地有栽培。

繁殖栽培 采用种子繁殖育苗。

园林用途 株形优美，适合丛植、群植于社区庭园、公园、风景区开阔的草坪上，园林景观效果甚佳。

1
2
3

1. 鲜红的叶轴
2. 姿态优美的红杆槟榔
3. 丛植于风景区开阔的草地上

虎克棕
Arenga hookerana
棕榈科桄榔属

形态特征 茎丛生，株高0.5～1.5m。叶不常分裂，桨形，有时具几个羽片，叶面绿色，叶背银白色。穗状花序，直立；果球形，绿色。

分布习性 分布于泰国、马来西亚；我国华南地区有栽培。性耐阴。

繁殖栽培 采用种子及分株繁殖育苗。

园林用途 株形优美，洒脱，适合丛植、群植于公园、风景区开阔的草坪上，园林景观效果甚佳。

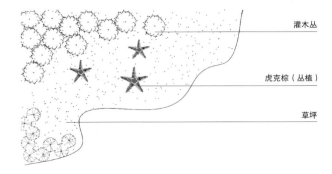

灌木丛

虎克棕（丛植）

草坪

1. 株形洒脱的虎克棕丛植于草地上
2. 果序
3. 桨形的叶片独具特色

黄杆槟榔
Areca vestiaria
棕榈科槟榔属

形态特征　灌木状。株高10m，干径12cm；具显著叶环痕及冠颈，有时具支柱根。羽状叶的叶轴、叶柄、叶鞘以及佛焰苞、花梗、果实均为橙黄色。

分布习性　分布印度尼西亚苏拉威西岛至马鲁古群岛；我国广东、海南、云南等地引种栽培。性喜高温多湿。

繁殖栽培　以播种或分株繁殖育苗。

园林用途　姿形优美，叶柄与叶鞘猩红色，适合于公园、风景区、社区庭园栽种，景观效果甚好。

1
2

1. 橙黄色的叶鞘和巨大的叶片
2. 姿态优美，孤植成景

江边刺葵
Phoenix roebelenii
棕榈科刺葵属

形态特征 灌木状，茎丛生，栽培时常为单生，高1～3m，稀更高，具宿存的三角状叶柄基部。叶长1～1.5（～2）m；羽片线形，较柔软。佛焰苞；雄花序与佛焰苞近等长，雌花序短于佛焰苞；分枝花序长而纤细。果实长圆形，果肉薄而有枣味。花期4～5月，果期6～9月。

分布习性 分布于我国云南，常见于江岸边，广东、广西等地有引种栽培；缅甸、越南、印度亦有分布。中性，喜多湿气候，耐干旱瘠薄。

繁殖栽培 采用种子繁殖育苗。

园林用途 株形优美，叶绿光亮，稍弯下垂，适合植于池畔水边；也可盆栽，布置客厅、书房，雅观大方；大型植株常用于会场、大型建筑的门厅、前厅及露天花坛、道路的布置。

同属植物 小针葵*Phoenix humilis*，茎单生，羽状全裂。适于庭园栽培，供观赏。杂交刺葵 *Phoenix reclinata × roebelenii*，植株单干直立，羽状复叶坚硬，抗寒力较强，观赏价值高。

1	4	7
2	5	8
3	6	

1. 茂盛的株丛，赏心悦目
2. 在路旁列植
3. 杂交刺葵
4. 江边刺葵在江边
5. 江边刺葵果序
6. 小针葵果序
7. 线状羽片质感细腻
8. 小针葵柔美的株冠

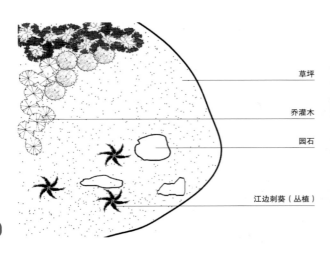

草坪

乔灌木

园石

江边刺葵（丛植）

锯齿棕
Serenoa repens
棕榈科锯齿棕属

形态特征 灌木状，茎丛生，株高3m以上。掌状叶深裂，裂片长60cm，叶柄长1.5m。花序长约1m；果实长约2cm。

分布习性 分布于美国西南部；我国华南及云南等地有栽培。

繁殖栽培 采用种子繁殖育苗。

园林用途 株形优美，适合丛植、群植于社区庭园、公园、风景区开阔的草坪上，园林景观效果甚佳。

	1
	2
3	

1. 叶片
2. 点缀路旁
3. 散植在草地上

卡里多棕
Kerriodoxa elegans
棕榈科卡里多棕属

形态特征　茎单生，叶基宿存，后脱落。掌状叶浅裂为1/4～1/3，裂片间纤维丝在叶展开后消失，叶面具突戟，叶背为银白色，叶鞘纵裂。叶间花序。雌雄异株；果实扁球形，橙黄色。

分布习性　分布于泰国；我国华南及云南等地有栽培。

繁殖栽培　采用种子繁殖育苗。

园林用途　株形优美，适合丛植、群植于社区庭园、公园、风景区开阔的草坪上，园林景观效果甚佳。

1
2

1. 优美的叶片像在舞蹈
2. 散植在林地中

马达加斯加棕
Dypsis madagascariensis 'White form'
棕榈科马岛椰属

形态特征 灌木状，茎丛生，茎干数2～3，株高8～9m，干径12cm，叶环痕明显。叶呈一回羽状分裂，羽片90～100片，在叶轴上排成3列。叶下花，果实卵形。

分布习性 分布于马达加斯加；我国华南及云南等地有栽培。

繁殖栽培 采用种子繁殖育苗。

园林用途 株形优美，适合丛植、群植于社区庭园、公园、风景区开阔的草坪上，园林景观效果甚佳。

1
2

1. 叶丛
2. 丛植于绿地，形成林地景观

密花瓦理棕
Wallichia densiflora
棕榈科瓦理棕属

形态特征　灌木状，丛生，高2～4m，被浓密的叶柄残基及纤维所包裹。叶羽状全裂，羽片互生或在中轴下部2～4片聚生，长椭圆形或圆形，先端尖，有锯齿，边缘具深波状裂齿。果实长圆形。

分布习性　分布于云南及西藏等地；印度、缅甸、孟加拉国也有分布。华南地区及东南等地有栽培。

繁殖栽培　采用种子繁殖育苗。

园林用途　株形洒脱，适合植于庭园、公园绿地，园林效果良好。

1
2
3

1. 叶片
2. 丛植于林缘
3. 散植在草地上

墨西哥星果棕
Astrocaryum mexicanum
棕榈科星果椰属

形态特征 灌木状，茎单生，株高8m，干径8cm，有黑刺，叶基不宿存。羽状叶，羽片30～60片，整齐排列于叶轴上。果实卵球形，褐色；具黑刺。

分布习性 分布于墨西哥；我国华南及云南等地有栽培。

繁殖栽培 采用种子繁殖育苗。

园林用途 株形优美，适合丛植、群植于社区庭园、公园、风景区开阔的草坪上，园林景观效果甚佳。

同属植物 具翼星果棕 *Astrocaryum alatum*，分布于美国中部。

1
2
3

1. 整齐的叶序
2. 丛植于林地边
3. 具翼星果棕

南格拉棕

Gronophyllum microcarpum

棕榈科长瓣槟榔属

形态特征 茎单生，株高8m以上。叶为一回羽状分裂，羽片40～50片，整齐排列于叶轴上，羽片顶端截平，有啮齿状。

分布习性 分布于印度尼西亚东部马鲁古群岛；我国华南及云南等地有栽培。

繁殖栽培 采用种子繁殖育苗。

园林用途 株形优美，适合丛植、群植于社区庭园、公园、风景区开阔的草坪上，园林景观效果甚佳。

1
2

1. 叶片
2. 群植于公园草坪上

拟散尾葵
Chrysalidocarpus sp.
棕榈科散尾葵属

形态特征 灌木状。茎丛生，浅绿色。羽状叶全裂，裂片条状披针形，下垂。果实球形。

分布习性 分布于马达加斯加岛；我国华南地区、福建、台湾、云南等地有栽培。

繁殖栽培 可用播种繁殖育苗。

园林用途 株形秀美，在华南地区多作庭园栽植，也可栽于建筑物阴面以及公园草地、树荫下、宅旁。

	2
1	3

1. 果序
2. 叶片弯垂，株形秀美
3. 叶片

琴叶瓦理棕
Wallichia caryotoides
棕榈科瓦理棕属

形态特征 灌木状，丛生，高5～8m。叶羽状全裂，羽片互生，似琴状，先端边缘具波状裂齿。果实长圆形。

分布习性 分布于云南南部；印度、孟加拉国、缅甸亦有分布；华南地区有栽培。

繁殖栽培 采用种子繁殖育苗。

园林用途 株形洒脱，适合植于庭园、公园绿地，景观效果良好。

1	1. 琴状的叶片
2	2. 散植在草地上

奇异皱籽棕
Ptychosperma hospitum
棕榈科皱籽棕属

形态特征 灌木状，茎丛生，株高4～5m。叶长1～1.5m，羽状全裂，羽片24～28对，长线形，长35～45cm，宽4～6cm，先端截形，一侧具尾尖。果实椭圆形，成熟时黄色。

分布习性 分布于澳大利亚、新几内亚岛；我国华南、西南及东南等地有引种栽培。性喜阳光，耐寒性较强。

繁殖栽培 采用种子及分株繁殖育苗。

园林用途 株形美观，适合丛植、散植于南方社区庭园、公园、风景区绿地，景观效果良好。

同属植物 紫果穴穗椰 *Ptychosperma lineare*，其羽片更窄，果成熟时紫黑色；分布于新几内亚岛。新几内亚皱籽棕 *Ptychosperma sanderiana*，分布于新几内亚岛。红果穴穗椰 *Ptychosperma schefferi*，果成熟时橙黄色或橙红色；分布于新几内亚岛。

1	2	4	
---	---	---	6
3		5	

1. 叶片
2. 果序
3. 丛植路旁
4. 紫果穴穗椰
5. 新几内亚皱籽棕
6. 红果穴穗椰

青 棕

Ptychosperma macarthurii

棕榈科皱籽棕属

形态特征 灌木状，茎丛生，株高3～6m；具灰绿色环状叶柄（鞘）痕。叶长1～1.5m，羽状全裂，羽片8～12对，长线形，柔软，长15～24cm，宽8～9cm，先端截形，具齿裂，近基部羽片先端尖。果实近球形，成熟时红色。

分布习性 分布于澳大利亚、巴布亚新几内亚；我国华南、西南及东南等地有引种栽培。性喜阳光。

繁殖栽培 采用种子及分株繁殖育苗。

园林用途 株形美观，适合丛植、散植于南方社区庭园、公园、风景区绿地，景观效果良好。

1	1. 散植于社区绿地
2	2. 在风景区中的景观

琼 棕
Chuniophoenix hainanensis
棕榈科琼棕属

形态特征 丛生灌木状,高3m或更高,具吸芽,从叶鞘中生出。叶掌状深裂,裂片14~16片,线形,长达50cm,先端渐尖,不分裂或2浅裂;叶柄无刺。花序腋生,多分枝,呈圆锥花序式。果实近球形;种子为不整齐的球形。花期4月,果期9~10月。

分布习性 分布于我国海南陵水、琼中等地。

繁殖栽培 采用种子繁殖育苗。

园林用途 树形优美,可适合社区庭园、公园等绿地,观赏效果好。

同属植物 小琼棕*Chuniophoenix nana*,分布于我国海南;越南亦有分布。

1	1. 优美的叶片
2	2. 在绿地中的景观

三药槟榔
Areca triandra
棕榈科槟榔属

形态特征 茎丛生，高3～4m或更高，具明显的环状叶痕。叶羽状全裂，长1m或更长，约17对羽片，顶端1对合生，羽片长35～60cm或更长，具2～6条肋脉，下部和中部的羽片披针形，镰刀状渐尖，上部及顶端羽片较短而稍钝，具齿裂。佛焰苞1个，革质，开花后脱落。花序和花与槟榔相似；果实比槟榔小，卵状纺锤形，果熟时呈深红色。种子椭圆形至倒卵球形。果期8～9月。

分布习性 分布于印度、中南半岛及马来半岛等亚洲热带地区；我国台湾、广东、云南等地有栽培。性喜高温、湿润的环境，耐阴性很强，抗寒性比较弱。

繁殖栽培 采用种子及分株繁殖育苗。

园林用途 株形优美，姿态优雅，形似翠竹，气势宏伟，具浓厚的热带风光气息，是优良的庭园景观树种；也可植于会议室、展厅、宾馆、酒店等豪华建筑物厅堂装饰。

	2	3
1		4

1. 姿态优雅，气势宏伟
2. 果序
3. 是优良的庭园景观树
4. 列植园路两侧

散尾葵
Chrysalidocarpus lutescens
棕榈科散尾葵属

形态特征 丛生灌木或小乔木状。茎干光滑，黄绿色，无毛刺，嫩时被蜡粉，上有明显叶痕，呈环纹状。叶面光滑细长，单叶，羽状全裂，长40～150 cm，裂片条状披针形，左右两侧不对称，中部裂片长约50cm。肉穗花序圆锥状；花小，金黄色，花期3～4月。果近圆形，种子1～3枚，卵形至椭圆形。基部多分蘖，呈丛生状生长。

分布习性 分布于马达加斯加岛；我国华南地区、福建、台湾、云南等地有栽培。性喜温暖、多湿及半阴环境，耐寒力较弱。

繁殖栽培 可用播种和分株繁殖育苗。因种子国内不易采集到，多从国外进口。通常多用分株，于4月左右，结合换盆进行，选基部分蘖多的植株，去掉部分旧盆土，以利刀从基部连接处将其分割成数丛。每丛不宜太小，须有2～3株，并保留好根系，否则分株后生长缓慢，且影响观赏。分栽后置于较高湿度、温度环境中，并经常喷水，以利恢复生长。

园林用途 株形秀美，在华南地区多作庭园栽植，极耐阴，可栽于建筑物阴面。其他地区可作盆栽观赏，是布置客厅、餐厅、会议室、家庭居室、书房、卧室或阳台的高档盆栽观叶植物。在明亮的室内可以较长时间摆放观赏，在较阴暗的房间也可连续观赏4～6周，观赏价值较高。

1	
2	3
4	

1. 在公园中应用
2. 与园林建筑配置
3. 叶片
4. 在种植槽中似盆景一般

散尾棕
Arenga engleri
棕榈科桄榔属

形态特征 又称香桄榔。灌木状,茎丛生,株高3~5m,密被棕褐色叶鞘纤维。叶长5~8m,羽状全裂,中部以上稍下弯;裂片多数,长35~50cm,倒披针形,叶背面灰白色,边缘及顶端有啮蚀状锯齿。果实近球形,成熟时红至紫红色。花期4~6月;果期6月至翌年3月。

分布习性 分布于我国台湾、福建及南方各地;日本亦有分布。南方各地有引种栽培。性喜阳光,较耐寒。

繁殖栽培 采用种子及分株繁殖育苗。

园林用途 株形美观,适合丛植、散植于社区庭院、公园、风景区绿地,具良好的园林景观效果。

同属植物 钝叶桄榔 *Arenga obtusifolia*,分布于马来西亚、泰国及印度尼西亚;我国华南各地有引种栽培。

1
2
3

1. 丛植草地
2. 丛植路旁
3. 果序

蛇 皮 果
Salacca zalacca
省藤科蛇皮果属

形态特征 几无主茎，横卧枝丛生状，枝端向上生长，高6～8m。叶向上生长，直立，长4～6m；羽片全裂，羽片长线状披针形，长40～70cm，宽5～6cm，叶背绿带红色；叶柄及羽片基部均有刺，叶鞘背面具粗刺，刺7～9枚1组，基部合生。花红色。果实近球形，直径5～10cm，外果皮的鳞片红褐色，具光泽；内有3粒种子，果期7～8月。

分布习性 分布于马来西亚、印度尼西亚、印度、缅甸等国家；我国云南、华南等地区引种栽培。

繁殖栽培 采用种子繁殖育苗。

园林用途 群丛庞大，适合植于公园、风景区草地，构成秀丽的园林景观。

同属植物 滇西蛇皮果 *Salacca secunda*，分布于我国云南西部；华南等地区引种。群丛庞大，适合植于公园、风景区草地；也可作绿篱。

1	2
3	
4	

1. 叶片
2. 叶柄上密集的刺
3. 丛植在水边
4. 滇西蛇皮果

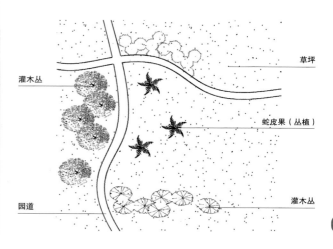

草坪

灌木丛

蛇皮果（丛植）

园道

灌木丛

153

扇叶轴榈
Licuala grandis
棕榈科轴榈属

形态特征 灌木状，单干型，株高4m。叶近圆形，掌状叶不分裂，边缘具齿，叶面亮绿色，顶部截形；叶柄具齿。花序长于叶片。果实球形，直径约1.5cm，成熟时棕褐色。

分布习性 分布于瓦努阿图、巴布亚新几内亚的新不列颠岛；我国华南、东南有栽培。性喜阳光，耐寒性较强。

繁殖栽培 采用种子及分株（丛生型）繁殖育苗。

园林用途 叶片奇特，株形美观，适合丛植、散植于社区庭院、公园、风景区绿地，园林景观效果良好。

同属植物 澳洲轴榈*Licuala ramsayi*，灌木状，单干型，株高18m。叶近圆形，掌状叶深裂，裂片呈辐条状楔形，先端啮齿状。果实球形。分布于澳大利亚昆士兰；我国华南地区及云南西双版纳有栽培。采用种子及分株（丛生型）繁殖育苗。

沙捞越轴榈 *Licuala sarawakensis*，灌木状，单干型，株高4m。叶近圆形，掌状叶分裂，裂片顶部截形。花序长于叶片。果实球形。分布于印度尼西亚加里曼丹岛；我国华南地区及云南西双版纳有栽培。采用种子及分株（丛生型）繁殖育苗。

苏玛旺氏钝叶轴榈 *Licuala peltata* var. *sumawongii*，为栽培种，灌木状，单干型。叶近圆形，掌状叶浅裂，裂片先端呈二叉状。果实球形。分布于澳大利亚昆士兰；我国华南地区及云南西双版纳有栽培。采用种子繁殖育苗。

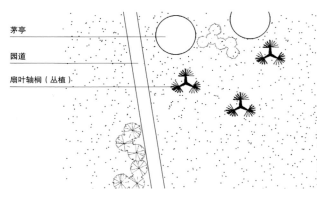

茅亭

园道

扇叶轴榈（丛植）

草坪

灌木丛

1	3	4
2	5	6

1. 叶片似扇
2. 与茅草屋相配，乡村气息浓郁
3. 优美的叶丛
4. 澳洲轴榈
5. 沙捞越轴榈
6. 苏玛旺氏钝叶轴榈

双籽棕
Arenga caudata
棕榈科桄榔属

形态特征　灌木状，高0.5～2m。叶呈一回羽状全裂，长40～50cm，有时更长，羽片少数，近菱形或不等边四边形，基部楔形，不具耳垂，羽片中部以上边缘具不规则的啮蚀状小齿，顶端具尾尖或不明显；叶鞘边缘具网状纤维。花序单生于叶腋间；佛焰苞数个；花单性。果实卵球形或近球形；种子3颗。花果期4～5月。

分布习性　分布于我国海南、云南等地；印度、越南、老挝亦有分布。

繁殖栽培　采用种子繁殖育苗。

园林用途　株形洒脱，适合植于社区庭园、公园绿地，具较好的园林景观效果。

同属植物　细仔棕 *Arenga microsperma*，分布于东南亚、新几内亚岛；我国广东及云南有栽培。

1	
2	
3	4

1. 细仔棕
2. 双籽棕丛植草地
3. 细仔棕果序
4. 双籽棕果序

水椰
Nypa fructicans
棕榈科水椰属

形态特征 灌木状，茎丛生，粗壮。叶羽状全裂，坚硬而粗，长4～7m，羽片多数，整齐排列，线状披针形，外向折叠，先端急尖，全缘，中脉突起，背面沿中脉的近基部处有纤维束状、丁字着生的膜质小鳞片。花序长1m或更长；雄花序柔荑状，着生于雌花序的侧边；雌花序头状（球状），顶生；果序球形，上有32～38个成熟心皮，果实由1心皮发育而成，核果状，褐色，发亮，倒卵球状；花期7月。

分布习性 分有于我国海南崖县、陵水、万宁、文昌等沿海港湾泥沼地带。亚洲东部（琉球群岛）、南部（斯里兰卡、印度的恒河三角洲、马来西亚）至澳大利亚、所罗门群岛等热带地区亦有分布。

繁殖栽培 采用种子繁殖育苗。此外，水椰具胎生现象，幼苗还有漂游特性。

园林用途 植株根茎匍匐，生长较快，是绿化海口港湾的好材料；同时，对防海潮、围堤也起到很好的作用。

1	1. 果实
2	2. 列植水边

穗花轴榈
Licuala fordiana
棕榈科轴榈属

形态特征 灌木状，茎丛生型，株高1.5～3m。叶近圆形，掌状深裂几达基部，裂片8～17片，长楔形，长25～45cm，先端截形，具钝齿，有2～3条纵向平行脉；叶柄黑色。花序密被脱落性茸毛。果实球形，直径0.8～1cm，成熟时红色。

分布习性 分布于我国海南及广东南部，华南、东南地区有栽培。性喜阳光，耐寒性较强。

繁殖栽培 采用种子及分株繁殖育苗。

园林用途 株形美观，适合丛植、散植于社区庭院、公园、风景区绿地，园林景观效果良好。

同属植物 黄柄轴榈为其栽培种。

1	
2	
3	

1. 叶片
2. 丛植于绿地中
3. 黄柄轴榈

泰氏棕
Johannesteijsmannia altifrons
棕榈科马来葵属

形态特征 近无茎。叶倒卵状菱形，长2～2.5m，亮绿色，不分裂，折叠的脊粗，先端锯齿状。羽状脉，侧脉明显伸长；叶柄基部有刺。果实球形，直径3.5～4cm，有凹槽。

分布习性 分布于马来西亚、印度尼西亚苏门答腊；我国云南、华南地区有引种栽培。性喜阳光，耐寒性较强。

繁殖栽培 采用种子繁殖育苗。

园林用途 扇叶光亮，适合丛植、散植于社区庭园、公园、风景区绿地，园林景观效果好。

1
2

1. 优美整洁的扇形叶
2. 散植于草地上

桃 果 榈
Bactris gasipaes
棕榈科桃榈属

形态特征 灌木状。茎丛生，具刺，株高15～18m。羽状叶全裂，羽片多数，长线状披针形，长45～50cm；先端锐尖，绿色。果卵圆形，成熟时橙红色。

分布习性 分布于巴西；我国华南地区、云南等地有栽培。

繁殖栽培 可用播种繁殖育苗。

园林用途 株形秀美，可丛植、群植于社区庭院、公园、风景区等公共绿地，观赏价值较高。

同属植物 墨西哥桃榈 *Bactris mexicana*，茎丛生；羽状叶全裂，羽片多数；分布于墨西哥。

1
2
3

1. 列植草地旁
2. 叶片
3. 墨西哥桃榈

无茎刺葵
Phoenix acaulis
棕榈科刺葵属

形态特征　灌木状，茎短。叶长0.6～2m，苍白色，稀疏排列，坚革质，无毛；叶柄具刺；叶鞘褐色，具网状纤维；羽片镰刀形，长35～45cm，2～4片间断聚生，近于对生，稀疏排列。佛焰苞披针形；果实长圆形或椭圆形，成熟时紫黑色。种子长圆形。花期3～4月，果期5～6月。

分布习性　分布于印度及缅甸；我国广东、广西、云南等地有引种栽培。

繁殖栽培　采用种子繁殖育苗。

园林用途　株形潇洒，适合作庭园栽植；也可作盆栽观赏。

1	1. 叶序
2	2. 丛植路旁

瓦理棕
Wallichia chinensis
棕榈科瓦理棕属

形态特征 丛生灌木状,高2~3m。叶羽状全裂,羽片互生或近对生,长20~45cm,下部为宽楔形,中部及上部具深波状缺刻,先端略钝,具锐齿,顶端的羽片常具波状3裂,边缘具不规则的锐齿,上面绿色,背面稍苍白色;叶鞘边缘网状抱茎。花序生于叶间,雌雄同株。果实卵状椭圆形。种子长圆形。花期6月,果期8月。

分布习性 分布于湖南、广西、云南等地;越南亦有分布。

繁殖栽培 采用种子繁殖育苗。

园林用途 可作庭园绿化树种。

同属植物 云南瓦理棕 *Wallichia mooreana*,分布于我国云南南部和西部。

泰国瓦理棕 *Wallichia siamensis*,分布于我国云南西部,泰国北部亦分布; 灌木状,丛生,株高4~8m。叶羽状全裂,羽片互生,边缘具波状裂齿。果实长圆形。采用种子繁殖育苗。株形洒脱,适合植于庭园、公园绿地,景观效果良好。

密花瓦理棕 *Wallichia densiflora*,分布于我国云南西部;东南亚及印度、缅甸、孟加拉国也有分布。灌木状,丛生,高2~4m,被浓密的叶柄残基及纤维所包裹。叶羽状全裂,羽片互生或在中轴下部2~4片聚生,长椭圆形或圆形,先端尖,有锯齿,边缘具深波状裂齿。果实长圆形。采用种子繁殖育苗。

1	3	4
		5
2	6	7

1. 叶片
2. 孤植草地上
3. 泰国瓦理棕叶片
4. 云南瓦理棕叶片
5. 密花瓦理棕叶片
6. 密花瓦理棕
7. 泰国瓦理棕

锡兰槟榔
Areca concinua
棕榈科槟榔属

形态特征　灌木状，茎丛生，高10m左右，有明显的环状叶痕。羽状叶，羽片多数。

分布习性　分布于东南亚地区；我国华南、云南、海南及台湾等地有栽培。性喜阴、湿润的环境。

繁殖栽培　采用种子繁殖育苗。

园林用途　株形优美，可三五株群植造景；应用于社区庭院、公园造景等，观赏效果较好。

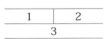

1	2
3	

1. 果序
2. 叶片
3. 三五株群植景观

夏威夷金棕
Pritchardia hillebrandii
棕榈科太平洋棕属

形态特征 茎单生。叶基宿存，后脱落；掌状叶浅裂为1/3～1/4，裂片40～46片，叶面具戟突，裂片坚挺。叶间花序，三回分枝，花两性。

分布习性 分布于美国夏威夷岛；我国华南地区及云南西双版纳有栽培。

繁殖栽培 采用播种繁殖育苗。

园林用途 茎干直立，株形洒脱，适合于丛植或散植于公园、风景区、社区庭园造景，其景观效果良好。

1
2

1. 叶片
2. 散植于公园草地上

线穗棕竹
Rhapis filiformis
棕榈科棕竹属

形态特征　灌木状，茎丛生，株高2～5m。叶近圆形，掌状深裂，裂片5～10片，披针形，先端具不规则齿缺。每裂片有4条纵向平行脉。果实球形。

分布习性　分布于我国广西南部；广东、云南等地有栽培。

繁殖栽培　采用种子及分株繁殖育苗。

园林用途　株形美观，适合丛植、散植于社区庭院、公园、风景区绿地，园林景观效果好。

	1	2
	3	

1. 叶片
2. 果序
3. 散植在草地上

象 鼻 棕
Raphia vinifera
棕榈科酒椰属

形态特征 灌木状，茎丛生，株高10～15m。叶长9～12m，羽状全裂，羽片多数，长2m。花序长达2.5～3m，自叶丛伸出，下垂，状如象鼻。果实椭圆形，长5～6cm，外果皮表面鳞片棕黄色。

分布习性 分布于西非热带地区；我国华南地区有引种栽培。

繁殖栽培 采用种子繁殖育苗。

园林用途 株形美观，适合丛植、散植于公园、风景区绿地，园林景观效果良好。

| 1 | 1. 高大的象鼻棕叶丛 |
| 2 | 2. 花序状如象鼻 |

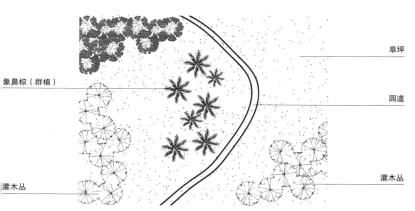

草坪

园道

象鼻棕（群植）

灌木丛

灌木丛

灌木状棕榈植物

167

香花棕
Allagoptera arenaria
棕榈科香花棕属

形态特征 灌木状，近无茎。叶长60～90cm。羽状全裂，羽片每侧50～60片，在叶中轴上有2～5片成组聚生，不排成一平面，叶面有蜡质，背面苍白色，具白色茸毛。果实长椭圆形，密生，具褐色毛状秕糠。

分布习性 分布于巴西；我国云南、华南地区有引种栽培。性喜阳光，具耐寒性。

繁殖栽培 采用种子繁殖育苗。

园林用途 株形美观，适合丛植、散植于社区庭园、公园、风景区绿地；也可制作盆景观赏。

1	2	4
	3	

1. 线条优美的叶片
2. 果序
3. 丛植于草地边缘
4. 在园林绿地中

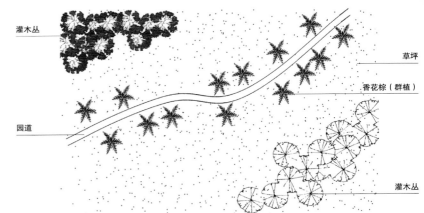

灌木丛

草坪

香花棕（群植）

园道

灌木丛

小果皱籽棕
Ptychosperma microcarpum
棕榈科皱籽棕属

形态特征 灌木状，茎丛生，株高4～5m。叶长1～1.5m，羽状全裂，羽片先端截形，一侧具尾尖。果实椭圆形，成熟时红色。

分布习性 分布于新几内亚岛；我国华南、西南及东南等地有引种栽培。

繁殖栽培 采用种子及分株繁殖育苗。

园林用途 株形美观，适合丛植、散植于南方社区庭园、公园、风景区绿地，景观效果良好。

同属植物 洋皱籽棕 *Ptychosperma propinquum*，分布于新几内亚岛、摩洛哥；我国华南、西南及东南等地有引种栽培。

1		3
2	4	5

1. 叶片
2. 丛植于公园绿地
3. 洋皱籽棕果序
4. 红色的果实
5. 洋皱籽棕

小 琼 棕
Chuniophoenix nana
棕榈科琼棕属

形态特征 灌木状，丛生，高3m。叶掌状深裂，裂片5～6片，长卵形，先端渐尖，不分裂或2浅裂；叶柄无刺。

分布习性 分布于我国海南；越南亦有分布。

繁殖栽培 采用种子繁殖育苗。

园林用途 树形优美，适合社区庭园、公园等绿地栽植，观赏效果好。

1	
2	
3	

1. 叶片

2. 丛植林缘

3. 在路旁点缀

小穗水柱椰子
Hydriastele microspadix
棕榈科丛生槟榔属

形态特征 灌木状，茎直立，高10m余，有明显的环状叶痕。叶为一回羽状分裂，羽片多数，顶端呈截形。

分布习性 分布于热带亚洲及澳大利亚北部；我国华南、云南及台湾等地有栽培。

繁殖栽培 采用种子繁殖育苗。

园林用途 株形优美，可群植、丛植于社区庭园、公园等造景，观赏效果较好。

1	1. 叶片
2	2. 群植于林地

小叶箬棕
Sabal parviflora
棕榈科箬棕属

形态特征 灌木状，单干直立，但大部分埋于地下。高约2m。叶掌状圆形或半圆形，深裂，裂片多数，革质而坚韧，末端2裂；叶柄光滑，比叶长。花序直立，肉穗花序自叶腋抽出，高伸于叶丛之上。花小，黄绿色；果黑色。花期5～7月。

分布习性 分布于美国佛罗里达州至北卡罗来纳州；我国南方引种栽培。性喜半日照条件，喜湿，也耐旱，较耐寒。

繁殖栽培 采用播种繁殖育苗。

园林用途 可作树林中下层种植，或作为林缘植物，也可作为花坛的背景植物。

1	1. 果序
2	2. 群植林缘

袖珍椰子
Chamaedorea elegans
棕榈科袖珍椰子属

形态特征 常绿小灌木，株高不超过1m，其茎干细长直立，不分枝，深绿色，上有不规则环纹。叶片由茎顶部生出，羽状复叶全裂，裂片宽披针形，羽状小叶20～40枚，镰刀状，深绿色，有光泽。植株为春季开花，肉穗状花序腋生，雌雄同株，雄花稍直立，雌花序营养条件好时稍下垂，花黄色呈小珠状；结小浆果卵圆形，成熟时多为橙红色或黄色。

分布习性 原产于墨西哥和危地马拉；我国南方各地有引种栽培。喜温暖、湿润和半阴的环境。

繁殖栽培 采用播种和分株繁殖育苗；也可用盆栽洗根法。水洗后数天就可长出新根。

园林用途 植株小巧玲珑，姿态优美秀雅，叶色浓绿光亮，耐阴性强，是优良的室内中小型盆栽观叶植物。叶片平展，成龄株如伞形，端庄凝重，古朴隽秀，叶片潇洒，玉润晶莹，给人以真诚纯朴、生机盎然之感；小株宜用小盆栽植，置于案头茶几，为台上珍品，亦宜悬吊室内，装饰空间。也可供厅堂、会议室、候机室等处陈列，为美化室内的重要观叶植物。

1
2

1. 装饰办公空间
2. 小巧的袖珍椰子点缀案头

印度尼西亚散尾葵
Chrysalidocarpus lutescens var. *variegata*
棕榈科散尾葵属

形态特征 灌木状，丛生。茎干光滑，黄绿色，无毛刺，嫩时被蜡粉，上有明显叶痕，呈环纹状。叶面光滑，单叶，羽状全裂，裂片条状披针形。肉穗花序圆锥状；果近圆形。

分布习性 分布于印度尼西亚群岛；我国华南地区、福建、台湾、云南等地有栽培。

繁殖栽培 可用播种和分株繁殖育苗。

园林用途 株形秀美，在华南地区多作庭园栽植，极耐阴，可栽于建筑物阴面。其他地区可作盆栽观赏，是布置客厅、餐厅、会议室、家庭居室、书房、卧室或阳台的高档盆栽观叶植物。

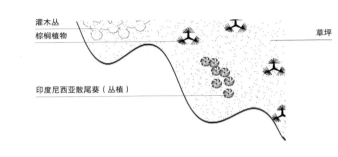

丛植在林地中

鱼骨葵
Arenga tremula
棕榈科桄榔属

形态特征　灌木状。茎丛生，茎干纤细，绿色，具叶环痕，叶为一回羽状分裂，长3m，裂片等宽，整齐排列，叶面深绿色，叶背灰绿色。花序大且显著；果球形，橙红色。

分布习性　分布于菲律宾群岛；我国华南地区、台湾、云南等地有栽培。性喜温暖、多湿。

繁殖栽培　可用播种和分株繁殖育苗。

园林用途　株形秀美，在华南地区多作庭园栽植，可栽于建筑物阴面。其他地区可作盆栽观赏。可栽种于草地、树荫、宅旁，也用于盆栽观赏。

1	
2	
3	4

1. 叶片像鱼骨
2. 丛植于草地
3. 列植园路旁
4. 果序

越南棕竹
Rhapis cochinchinensis
棕榈科棕竹属

形态特征 灌木状，茎丛生，株高2～4m。叶近圆形，掌状深裂，裂片5～10片，披针形，长30～50cm，先端具不规则齿缺。每裂片有4条纵向平行脉。果实球形。花期3～8月；果期9月至翌年4月。

分布习性 分布于越南、老挝；我国广西南部也有分布。广东、云南、海南有栽培。

繁殖栽培 采用种子及分株繁殖育苗。

园林用途 株形美观，适合丛植、散植于社区庭园、公园、风景区绿地，园林景观效果好。

| 1 | 1. 叶片 |
| 2 | 2. 在公园绿地中丛植 |

中东矮棕
Nannorrhops ritchiana
棕榈科中东矮棕属

形态特征 丛生灌木状，茎匍匐，株高6m左右。掌状叶深裂，叶长1.2m，淡灰绿色，叶柄长30cm，具细齿。花序高2m。

分布习性 分布于巴勒斯坦、阿富汗、伊朗、也门、沙特阿拉伯等国家和地区；我国华南地区有引种栽培。性喜阳光，耐寒性强。

繁殖栽培 采用种子及分株繁殖育苗。

园林用途 叶片美观，花序醒目，适合孤植于社区庭园、公园、风景区绿地，园林景观效果良好。

	1	
	2	
	3	

1. 叶片
2. 在公园绿地上群植
3. 散植在草地上

沼 地 棕
Acoelorrhaphe wrightii
棕榈科沼地棕属

形态特征 灌木或小乔木状，丛生，高3～8m，茎部被叶鞘纤维包裹。叶扇形，掌状深裂，裂片多数，线条形，较坚硬，银灰色，有许多纤细的纵脉纹。肉穗花序，簇生下垂，花小，两性，淡黄色。核果，近球形，熟时褐黑色。花期4～5月，果熟10～11月。

分布习性 性喜高温多湿气候，抗寒力很低，忌霜冻。

繁殖栽培 采用种子繁殖育苗，也可用分蘖繁殖以及分株繁殖、扦插繁殖、高压繁殖与组织培养等多种。

园林用途 羽叶扁平，色彩亮丽，且柔韧飘拂，耐湿速生，可用于开阔地带造景；同时也适宜于热带森林公园、水滨、大型游乐园的近水雾处、溪边湿地、海边沼地等处，单株或成行种植均宜。

| 1 |
| 2 |
| 3 |

1. 在绿地中形成优美的景观
2. 在湿地中丛植
3. 美丽的叶丛

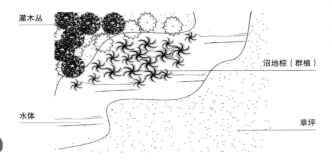

竹茎袖珍椰

Chamaedorea seifrizii

棕榈科袖珍椰子属

形态特征 灌木状，茎丛生，株高3m，干径2cm；叶一回羽状分裂，羽片约40片，在叶轴上排成2列。花序轴在果期为橙红色；果球形，黑色。

分布习性 分布于墨西哥、伯里兹、危地马拉及洪都拉斯；我国华南及云南等地有栽培。

繁殖栽培 采用种子及分株繁殖育苗。

园林用途 株形优美，适合丛植、群植于社区庭院、公园、风景区开阔的草坪上，园林景观效果甚佳；也可盆栽观赏。

1	2
3	

1. 红色的花序轴
2. 叶片
3. 在林地中

棕 竹
Rhapis excelsa
棕榈科棕竹属

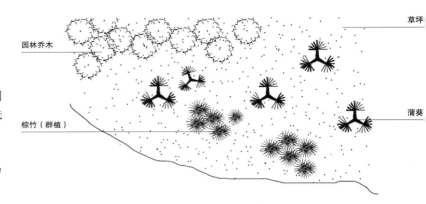

草坪

园林乔木

棕竹（群植）

蒲葵

形态特征　灌木状，茎丛生，株高2～4m。叶近圆形，掌状深裂，裂片5～10片，披针形，长30～50cm，先端具不规则齿缺。每裂片有4条纵向平行脉。果实球形。花期3～8月；果期9月至翌年4月。

分布习性　分布于我国华南至华东地区；琉球群岛也有分布。稍耐寒，耐阴。

繁殖栽培　采用种子及分株繁殖育苗。

园林用途　株形美观，适合丛植、散植于社区庭园、公园、风景区绿地，园林景观效果好。

白 藤
Calamus tetradactylus
省藤科省藤属

形态特征 攀缘状，茎丛生，长20～30m，直径0.5～1cm。叶羽状全裂，叶长40～50cm。叶中轴及叶柄基部具倒钩刺，刺长0.5～1cm，叶中轴顶端纤鞭长1～2m；外果皮表面的鳞片呈禾秆色。花期6～10月，果期10月至翌年6月。

分布习性 分布于我国海南、广东、广西、福建；云南等地有引种栽培。性喜阴湿。

繁殖栽培 采用种子繁殖育苗。

园林用途 适合南方乡镇庭院栽培，作绿篱或棚架。

1	2

1. 在林地中景观
2. 白藤攀缘在大树上

版纳省藤
Calamus nambariensis var. *xishuangbannaensis*
省藤科省藤属

形态特征 攀缘状，茎丛生，直径3～4cm。叶长0.8～1m，羽状全裂，裂片多数。叶轴顶端纤鞭长2.5～3m；叶鞘背面有大小且形状各异的刺。果实球形，外果皮表面的鳞片棕褐色。

分布习性 分布于我国云南西双版纳，华南地区有引种栽培。性喜阴湿。

繁殖栽培 采用种子繁殖育苗。

园林用途 适合南方乡镇庭院栽培，作绿篱或棚架。

1	
2	3

1. 缠绕在树干上
2. 在林地中
3. 叶片

长嘴黄藤
Daemonorops jenkinsianus
省藤科黄藤属

形态特征 攀缘状，茎丛生，长10～20m或更长，粗壮，直径4～5cm，幼时被灰色短柔毛，节间长17～20cm。叶羽状全裂，裂片多数，长50～60cm。叶中轴具多数刺，先端纤鞭有3～5枚扁平的钩状刺，叶鞘背面密被多数扁平的钩状刺。果实球形，外果皮表面的鳞片黄褐色，有深沟，边缘干膜质。

分布习性 分布于缅甸及印度阿萨姆邦；我国云南西双版纳、华南地区有引种栽培。性喜阴湿。

繁殖栽培 采用种子繁殖育苗。

园林用途 适合南方乡镇庭院栽培，作绿篱或棚架。

1
2

1. 攀树而生
2. 丛植林地

短叶省藤在林地中

短叶省藤
Calamus egregius
省藤科省藤属

形态特征 攀缘状，茎丛生，长20～30m或更长，直径1.5～2.5cm。叶羽状全裂，裂片多数，长披针形，长10～17cm，宽2～3cm。先端渐尖，末端具1束褐色刺毛，基部稍狭，边缘有小刺，每2～3片成组着生于叶中轴两侧，中轴顶端具纤鞭。叶中轴、叶柄边缘有刺，叶柄基部有叶枕。果实扁卵球形，外果皮表面的鳞片黄色。果期10～12月。

分布习性 分布我国海南；云南西双版纳及华南地区有引种栽培。性喜阴湿。

繁殖栽培 采用种子繁殖育苗。

园林用途 适合南方乡镇庭院栽培，作绿篱或棚架。

盈江省藤
Calamus nambariensis var. *yingjiangensis*
省藤科省藤属

形态特征　攀缘状，茎丛生，直径3～5cm。叶大型，长2～3m，羽状全裂，裂片25～30对。常24片组成聚生，叶轴顶端纤鞭长；叶鞘灰棕色，背面有大小不一的刺，有叶枕。果实卵圆形，外果皮表面的鳞片褐色，果期10～12月。

分布习性　分布于我国云南盈江地区；华南地区有引种栽培。性喜阴湿。

繁殖栽培　采用种子繁殖育苗。

园林用途　适合南方乡镇庭院栽培，作绿篱或棚架。

1
2

1. 果序
2. 在林地中景观

直刺美洲藤
Desmoncus jorthacanthos
省藤科美洲藤属

形态特征 攀缘状，茎丛生，叶羽状全裂，裂片多数，长卵状椭圆形。叶轴顶端纤鞭长，背面有长短不一、黑灰色的直刺。果实圆形，成熟时红色。

分布习性 分布于印度洋塞舌尔群岛；我国云南、华南地区有引种栽培。性喜阴湿。

繁殖栽培 采用种子繁殖育苗。

园林用途 适合南方乡镇庭院栽培，作绿篱或棚架。

1
2

1. 在林中攀缘而生
2. 果序

参考文献 *References*

〔1〕 林有润.观赏棕榈〔M〕.哈尔滨：黑龙江科学技术出版社，2003.

〔2〕 刘海桑.观赏棕榈〔M〕.北京：中国林业出版社，2002.

〔3〕 林有润,等.室内观赏棕榈〔M〕.北京：中国林业出版社，2004.

〔4〕 王慷林.观赏棕榈〔M〕.北京：中国建筑工业出版社，2004.

〔5〕 廖启斗,等.棕榈科植物研究与园林应用〔M〕.北京：科学出版社，2012.

〔6〕 吴劲章,等.浅议我国棕榈科观赏植物栽培应用现状与展望〔J〕.广东园林，1998，01.

〔7〕 李土荣.棕榈科植物的主要特性与播种繁殖[J].中国园林，1999，05.

〔8〕 罗萍,等.棕榈科植物行道树的树种选择及种植浅议[J].安徽农学通报，2006，10.

〔9〕 崔铁成,等.肇庆七星岩棕榈科植物的造景特征[J].江苏农业科学，2010，01.

中文名称索引

A

阿当山槟榔	120
阿根廷长刺棕	26
矮棕竹	121
矮叉干棕	27
安尼兰狄棕	122
澳洲羽棕	123
澳洲轴榈	154

B

巴西蜡棕	28
霸王棕	30
白蜡棕	28
白藤	184
百慕大箬棕	97
斑马董棕	48
版纳省藤	185
北澳椰	31
贝叶棕	32
槟榔	34
波那佩椰子	35

布迪椰子	36

C

菜王棕	37
叉干棕	27
垂裂棕	38
刺轴榈	125
刺孔雀椰子	39
粗壮海枣	60

D

大蒲葵	43
大丝葵	44
大崖棕	40
大果红心椰	41
大果直叶榈	42
大叶蒲葵	94
大叶箬棕	45
单穗鱼尾葵	114
德森西雅	76
滇西蛇皮果	153

东方轴榈

东方轴榈	126
东非分枝榈	46
东京蒲葵	47
董棕	48
豆棕	127
短穗鱼尾葵	114
短叶省藤	187
钝叶桃榈	129，152
多裂棕竹	128

F

非洲刺葵	130
粉红箬棕	97
封开蒲葵	50
富贵椰	131

G

高大贝叶棕	32
高王椰	104
哥伦比亚埃塔棕	132
根刺棕	51

根柱凤尾椰	52	黄脉棕	70
弓葵	53	黄矮椰子	106
拱叶椰	54	黄柄轴榈	158
光亮蒲葵	55，94	黄杆槟榔	135
桃椰	56	灰绿箬棕	71，97
棍棒椰子	59		
国王椰子	58	**J**	

H		加那利海枣	74
		假槟榔	72
哈里特蒲葵	94	江边刺葵	136
海枣	60	杰钦氏蒲葵	75
黑狐尾椰	62	金山葵	76
红领椰	63	金棕	68
红脉棕	64	酒瓶椰子	78
红蒲葵	65，94	巨箬棕	80
红杆槟榔	133	飓风椰子	79
红公圣棕	68	锯齿棕	138
红果穗椰	146		
红鞘三角椰	66	**K**	
狐尾棕	67		
虎克棕	134	卡巴达散尾葵	81
环羽椰	68	卡里多棕	139

康科罗棕	82	密花瓦理棕	141，162
可可椰子	83	棉毛蒲葵	93
肯托皮斯棕	84	墨西哥箬棕	96
昆奈椰子	72	墨西哥桃榈	160
阔羽棕	85	墨西哥星果棕	142
阔叶假槟榔	72		
		N	
L			
		南格拉棕	143
蓝脉棕	86	南美弓葵	53
裂叶蒲葵	94	拟散尾葵	144
林刺葵	88		
鳞皮飓风椰子	79	**P**	
硫球椰子	89		
		彭生蒲葵	94
M		蒲葵	94
麻林猪榈	92	**Q**	
马达加斯加棕	140		
马岛窗孔椰	90	奇异皱籽棕	146
马岛散尾葵	91	琴叶瓦理棕	145
茂列蒲葵	94	青棕	148
美国金山葵	76	琼棕	149

箬棕　97

S

三角椰子　98
三药槟榔　150
散尾葵　151
散尾棕　152
沙捞越轴榈　154
砂糖椰子　56
扇叶轴榈　154
蛇皮果　153
圣诞椰子　99
双籽棕　156
水椰　157
丝葵　102
苏玛旺氏钝叶轴榈　154
穗花轴榈　158
所罗门射杆椰　100

T

泰氏榈　159

泰国瓦理棕　162
糖棕　103
桃果榈　160

W

瓦理棕　162
王棕　104
威尼椰子　99
无柄圣诞椰　99
无茎刺葵　161

X

锡兰槟榔　164
细仔棕　156
夏威夷金棕　165
线穗棕竹　166
香花棕　168
香水椰子　106
象鼻棕　167
小果皱籽棕　170
小琼棕　149，172

小穗水柱椰子　173
小叶箬棕　174
小针葵　136
新几内亚射叶椰　100
新几内亚皱籽棕　146
秀丽射叶椰　100
袖珍椰子　175
穴穗皱果棕　100

Y

岩海枣　60
洋皱籽棕　170
椰子　106
迤逦棕　108
银海枣　109
银环圆叶蒲葵　94，110
印度尼西亚散尾葵　176
盈江省藤　188
硬果椰子　111
油棕　112
鱼骨葵　177
鱼尾葵　114

越南蒲葵　94，113
越南棕竹　178
云南瓦理棕　162

Z

杂交刺葵　136
长叶枣　124
长嘴黄藤　186
沼地棕　180
直刺美洲藤　189
中东矮棕　179
中美洲根刺棕　51
竹茎袖珍椰　181
紫果穴穗椰　146
棕榈　116
棕竹　182

拉丁学名索引

A

Acoelorrhaphe wrightii 180

Actinorhytis calapparia 54

Aiphanes caryotaefolia 39

Allagoptera arenaria 168

Archontophoenix alexandrae 72

Archontophoenix cuneatum 72

Archontophoenix
  cunninghamianus 72

Areca catechu 34

Areca concinua 164

Areca triandra 150

Areca vestiaria 135

Arenga australasica 123

Arenga caudata 156

Arenga engleri 152

Arenga hookerana 134

Arenga microsperma 156

Arenga obtusifolia 129, 152

Arenga pinnata 56

Arenga tremula 177

Arenga westerhoutii 56

Astrocaryum mexicanum 142

Attalea butyracea 42

B

Bactris gasipaes 160

Bactris mexicana 160

Beccariophoenix
  madagascariensis 90

Bismarckia nobilis 30

Borassodendron machadonis 38

Borassus flabellifer 103

Butia capitata 36

Butia eriospatha 53

Butia yaty 53

C

Calamus egregius 187

Calamus nambariensis var.
  yingjiangensis 188

Calamus nambariensis var.
  xishuangbannaensis 185

Calamus tetradactylus 184

Carpentaria acuminata 31

Carpoxylon macrospermum 111

Caryota mitis 114

Caryota monostachya 114

Caryota ochlandra 114

Caryota urens 48

Caryota zebrina 48

Chamaedorea catactatum 131

Chamaedorea elegans 175

Chamaedorea seifrizii 181

Chambeyronia macrocarpa 41

Chrysalidocarpus cabadae 81

Chrysalidocarpus lutescens 151

Chrysalidocarpus lutescens var.
  variegata 176

Chrysalidocarpus
  madagascariensis 'Single
  Trunked' 91

Chrysalidocarpus sp. 144

Chuniophoenix nana 149, 172

Chuniophoenix hainanensis 149

Cocos nucifera 106

Cocos nucifera 'Golden' 106

Cocos nucifera 'Perfume' 106

Copernicia alba 28

Copernicia prunifera 28

Corypha umbraculifera 32

Corypha utan 32

Cryosophila guagara 51

Cryosophila warscewiczii 51

Cyrtostachys renda 133

D

Daemonorops jenkinsianus 186

Desmoncus jorthacanthos 189

Dictyosperma album 68

Dictyosperma album 79

Dictyosperma album var.
  album 'Red form' 68

Dictyosperma album var.

aureum 68

Dictyosperma furfuraceum 79

Drymophloeus hentyi 85

Dypsis madagascariensis

  'White form' 140

Dypsis onilahensis 122

E

Elaeis guineensis 112

Euterpe precatoria 132

G

Gronophyllum microcarpum

  143

H

Hydriastele microspadix 173

Hyophorbe lagenicaulis 78

Hyophorbe verschaffeltii 59

Hyphaene coriacea 27

Hyphaene thebaica 27, 46

J

Johannesteijsmannia altifrons

  159

K

Kentiopsis oliviformis 84

Kerriodoxa elegans 139

L

Latania loddigesii 86

Latania lontaroides 64

Latania verschaffeltii 70

Licuala fordiana 158

Licuala grandis 154

Licuala peltata var.

  sumawongii 154

Licuala ramsayi 154

Licuala robinsoniana 126

Licuala sarawakensis 154

Licuala spinosa 125

Livistona mariae 94

Livistona benthamii 94

Livistona chinensis 94

Livistona cochinchinensis

  94, 113

Livistona decipiens 110

Livistona decora 94

Livistona fengkaiensis 50

Livistona hasseltii 94

Livistona jenkinsiana 75

Livistona mariae 65

Livistona muelleri 94

Livistona nitida 55, 94

Livistona rotundifolia var.

  mindorensis 94

Livistona saribus 43, 94

Livistona tonkinensis 47

Livistona woodfordii 93

Lytocaryum weddellianum 83

N

Nannorrhops ritchiana 179

Neodypsis decaryi 98

Neodypsis lastelliana 66

Neodypsis leptochilos 63

Normanbya normanbyi 62

Nypa fructicans 157

P

Phoenix acaulis 161

Phoenix canariensis 74

Phoenix dactylifera 60

Phoenix humilis 136

Phoenix reclinata 130

Phoenix reclinata × *roebelenii*

  136

Phoenix robusta f. 60

Phoenix roebelenii 136

Phoenix rupicola 60	**R**	*Sabal mexieana* 96	*Trithrinax campestris* 26
Phoenix rupicola 124		*Sabal palmetto* 97	
Phoenix sylvestris 88, 109	*Raphia vinifera* 167	*Sabal parviflora* 174	**V**
Pinanga adangesis 120	*Ravenea rivularis* 58	*Sabal rosei* 97	
Pritchardia hillebrandii 165	*Rhapis cochinchinensis* 178	*Salacca secunda* 153	*Veitchia merrillii* 99
Ptychosperma lineare 146	*Rhapis excelsa* 182	*Salacca zalacca* 153	*Veitchia sessilifolia* 99
Ptychosperma cuneatum 72	*Rhapis filiformis* 166	*Satakentia liukiuensis* 89	*Veitchia winin* 99
Ptychosperma elegans 100	*Rhapis humilis* 121	*Scheelea liebmannii* 108	*Verschaffeltia splendida* 52
Ptychosperma hospitum 146	*Rhapis multifida* 128	*Schippia concolor* 82	
Ptychosperma ledermannianum	*Roystonea elata* 104	*Serenoa repens* 138	**W**
35	*Roystonea oleracea* 37	*Syagrus romanzoffiana* 76	
Ptychosperma macarthurii 148	*Roystonea regia* 104	*Syagrus sancona* 92	*Wallichia densiflora* 141, 162
Ptychosperma microcarpum 170		*Syagrus tessmanii* 76	*Wallichia caryotoides* 145
Ptychosperma propinquum 170	**S**		*Wallichia chinensis* 162
Ptychosperma salomonense 100		**T**	*Wallichia mooreana* 162
Ptychosperma sanderiana 146	*Sabal bermudana* 97		*Wallichia siamensis* 162
Ptychosperma sanderianum 100	*Sabal blackburnianum* 45	*Thrinax excelsa* 127	*Washingtonia filifera* 102
Ptychosperma schefferi	*Sabal causiarum* 80	*Trachycarpus excelsus* 40	*Washingtonia robusta* 44
100, 146	*Sabal mauritiiforme* 71, 97	*Trachycarpus fortunei* 116	*Wodyetia bifurcata* 67